Die Netzwerkbibel

Tijen Onaran

Die Netzwerkbibel

Zehn Gebote für erfolgreiches Networking

Tijen Onaran
Global Digital Women
Berlin, Deutschland

ISBN 978-3-658-23734-9   ISBN 978-3-658-23735-6   (eBook)
https://doi.org/10.1007/978-3-658-23735-6

Die Deutsche Nationalbibliothek verzeichnet diese Publikation in der Deutschen Nationalbibliografie; detaillierte bibliografische Daten sind im Internet über http://dnb.d-nb.de abrufbar.

Springer ist ein Imprint der eingetragenen Gesellschaft Springer Fachmedien Wiesbaden GmbH und ist ein Teil von Springer Nature
Die Anschrift der Gesellschaft ist: Abraham-Lincoln-Str. 46, 65189 Wiesbaden, Germany

Vorwort, oder: Was bisher geschah

Zusammenfassung

Vor vier Jahren stand ich vor einem Neuanfang. Ich wusste, dass mein berufliches Leben eine andere Wendung nehmen musste. Wie sich schnell herausstellte, sollte mein Netzwerk dabei eine entscheidende Rolle spielen. Dieses Buch, die Netzwerkbibel, erzählt zum einen meine persönliche Geschichte und wie ich zum Thema Netzwerken gekommen bin. Gleichzeitig enthält es die Quintessenz aller Lektionen, die ich aus meiner bisherigen Erfahrung gezogen habe. Darum war es beim Schreiben des Buches eines meiner zentralen Ziele, eine praktische Anleitung zum Netzwerken zu erstellen. Da Netzwerken sowohl für berufliche Anfänger als auch für Menschen in Führungspositionen gleichermaßen wichtig ist, richtet sich die Netzwerkbibel an ein breites Publikum. Ich bin davon überzeugt, dass dieses Thema insbesondere im digitalen

Zeitalter für jede Einzelne und jeden Einzelnen und vor allem für Unternehmen ein zentrales Thema ist. Darum bietet dieses Buch eine systematische Auseinandersetzung mit allen wichtigen Aspekten des digitalen und analogen Networkings, die für die neue Arbeitswelt relevant sind. Im Vorwort erfährst du alles, was du noch zum Buch und über die Autorin wissen musst.

„Mama, ich habe heute gekündigt!"
Das war vor genau 4 Jahren. Am anderen Ende der Telefonleitung war meine Mutter, die sicher erst mal in Schockstarre verfiel. Aber von Anfang an.

Damals habe ich direkt nach dem Aufstehen gewusst: „Das ist der Tag! Heute ist es soweit." Ohne den Gedanken konkret im Kopf gehabt zu haben, wusste ich es wahrscheinlich schon länger, hatte aber nie den Mut, mich zum ultimativen Schritt durchzuringen: der Kündigung. Dabei war der Grund nicht einmal, dass ich einen schlechten Job gehabt hätte. Ganz im Gegenteil. Ich hatte tolle Kollegen oder Chefs, durfte immer mit Menschen zusammenarbeiten, die mich inspirierten und die mir die Freiheit ließen, eigene Dinge auszuprobieren. Also eigentlich alles wunderbar, oder? Dennoch wurde mir an diesem einen Tag klar, dass das, was ich bis dahin gemacht habe, mich einfach nicht erfüllte. Es war nicht das, was ich *wirklich* machen wollte. Aber was wollte ich denn wirklich machen? Darüber war ich mir zum Zeitpunkt meiner Kündigung nicht zu hundert Prozent klar. Es gab auch kein konkretes Angebot, mit dem es hätte weitergehen können. Ich wusste nur: Da, wo ich war, gab es keine Weiterentwicklung und da, wo ich hinwollte, keine Stelle.

Aber trotz dieser Unsicherheiten wusste ich auch, dass meine Entscheidung richtig war. Jetzt brauchte ich nur noch den richtigen Support aus meinem Umfeld. Daher rief ich zuerst bei meiner Mutter an.

„Tijen, ich habe eine Nummer im Arbeitsamt gezogen!"

Das war ein paar Tage später, nachdem ich mit meiner – natürlich über meine Entscheidung schockierten – Mutter telefoniert hatte. Sie machte sich selbstverständlich Sorgen, wie es wohl mit mir weitergehen würde. In ihren schlimmsten Träumen sah sie mich wahrscheinlich schon unter einer Brücke übernachten. Darum tat sie, was wohl alle guten Mütter machen würden – sie suchte nach einer Lösung für meine aktuelle Lage. Als sie mich anrief, war ich natürlich erst mal verwirrt und sagte: „Aber Mama, wofür brauchst Du denn eine Nummer im Arbeitsamt?? Du arbeitest doch schon lange nicht mehr!"

„Aber nein, Tijen! Die ist für Dich!" Meine Mutter hatte in kürzester Zeit alle Hebel in Bewegung gesetzt, sich über Wiedereingliederungsmaßnahmen erkundigt und mir einen Termin besorgt. Das war absolut gut gemeint, aber nicht der Support, den ich in diesem Moment brauchte. Vielmehr hätte ich Sätze hören wollen wie „Ich bin mir zu tausend Prozent sicher, dass Du Deinen Weg finden wirst!" oder: „Ich bin immer für Dich da, auch wenn es mal schwierig werden wird."

„Bei Dir stehen doch die Jobangebote sicher Schlange."

Das war eine der häufigsten Reaktionen aus meinem Umfeld. Immer wieder wurde mir versichert, dass, wenn jemand einen guten Absprung hinbekommen sollte, dann ja wohl ich. Das gab mir zwar Sicherheit und Zuversicht, half mir aber erst einmal nicht konkret weiter. Meine Gefühlswelt glich eher einer Berg- und Talfahrt. Einerseits fühlte ich mich durch meinen Schritt zu kündigen unglaublich frei. Die Welt stand mir offen und ich konnte jetzt genau das machen, was ich immer schon mal ausprobieren wollte. Andererseits aber merkte ich sehr schnell, dass das Gefühl der Freiheit und das der Unsicherheit sehr eng beieinander liegen. Es gab immer wieder Momente, in denen ich alle meine Fähigkeiten infrage stellte und über mich selbst und meinen Entschluss ins Zweifeln geriet.

Wer jetzt gedacht hat, dass ein Buch über Networking mit einer wundersamen Geschichte weitergeht, wie ich durch gute Kontakte zur perfekten Geschäftsidee kam oder eine tolle Stelle vermittelt bekommen habe, den muss ich leider enttäuschen. Vielmehr war es so, dass, je mehr ich mich mit meiner neu gewonnenen Freiheit auseinandersetzte und mich mit meinen Freundinnen und Freunden darüber austauschte, desto mehr wurde mir etwas bewusst: Freiheit und Verantwortung gehören untrennbar zusammen. So reifte in mir die Überzeugung, dass ich selbst Verantwortung für meine Situation übernehmen und meine Zukunft selbst in die Hand nehmen musste.

Netzwerke bringen also im Ernstfall gar nichts und du musst alles aus dir selbst heraus schaffen?

Ganz im Gegenteil. Denn mein persönliches Umfeld und mein Netzwerk haben sowohl bei meiner Entscheidung als auch in der Folgezeit eine ganz zentrale Rolle gespielt. Letztlich war meine erste Geschäftsidee auch eine direkte Folge aus einem Gespräch mit einer befreundeten Mentorin, die mir dazu riet, genau das zu machen, was ich am besten konnte und ohnehin schon längere Zeit nebenher machte: Menschen in PR-Fragen zu beraten. Mein Netzwerk war meine erste Anlaufstelle, um meine ersten Kunden zu finden.

Bis es aber dann so weit kam und ich mein erstes Unternehmen gründete, konnte ich feststellen, dass nicht jeder Rat aus dem beruflichen und persönlichen Umfeld gleichermaßen zielführend ist. Vielmehr ist es so, dass Optimisten immer das Beste in meiner aktuellen Situation sahen. Die Perfektionisten rieten mir wiederum, auf Details in meinem Lebenslauf zu achten. Und die „Problembären" versuchten, mich mit Pro- und Contra-Listen auf den Boden der Tatsachen herunterzuholen. Die Moral von der Geschicht': Netzwerken will gelernt sein. Diese Einsicht führt uns zu genau diesem Buch, der Netzwerkbibel.

Warum ich dieses Buch geschrieben habe und an wen es sich richtet

Ohne das Vertrauen in mich selbst und in meinen beruflichen Erfahrungsschatz wäre ich heute nicht da, wo ich bin. Aber genauso ist es wichtig, Menschen um sich herum zu haben, die einem aufhelfen, wenn man stolpert. Dabei muss das nicht immer gleich bedeuten, dass jemand aktiv emotionale Hilfestellung leistet und uns einen Weg aus der Krise aufzeigt. Hilfe aus dem Netzwerk kann auch bedeuten, dass wir Vorbilder haben, die uns zeigen, dass es auch mal in Ordnung ist, zu straucheln. Mich motivieren beispielsweise auch Geschichten von Menschen, die es trotz widriger Bedingungen geschafft haben, ihren Weg zu gehen und deren harte Arbeit sich ausgezahlt hat. Netzwerke sind insofern ein Korrektiv, das uns eine neue Perspektive aufzeigen kann oder einen neuen Blick auf uns selbst ermöglicht. Oft können Beobachter von außen die eigenen Erfolge viel schneller sehen als man selbst. So habe ich beispielsweise relativ früh damit angefangen, mir einen Mentorenkreis aufzubauen, den ich immer dann zurate ziehe, wenn im Beruflichen ein Problem am Horizont auftaucht. Umgekehrt versuche ich selbst auch, mit eben diesem Zirkel meine Expertise zu teilen, speziell in den Bereichen, in denen sie Unterstützung brauchen. Genau das müssen Netzwerke leisten können, damit sie dich beruflich oder persönlich weiterbringen.

Hier wird schon deutlich, welchen Begriff von Netzwerk ich hier meine. Wie ich später noch ausführen werde: 1000 Kontakte bei Xing sind noch kein Netzwerk. Netzwerke müssen mehr sein als ein Verzeichnis von Personen, die man mal getroffen hat oder von denen man schon mal was gehört hat. Net*working* hat wortwörtlich etwas mit Arbeit zu tun. Und diese Arbeit zahlt sich aus. Da ich nicht aus einem gut betuchten Elternhaus komme oder auf eine Familiengeschichte blicken kann, die nur so von Erfolgsgeschichten von Gründern und Unternehmern strotzt, kann ich mit Fug und Recht behaupten, dass ich vieles von dem, was ich beruflich geschafft habe und was ich heute mache, meinem Netzwerk und einem Stück harter Arbeit verdanke. Das heißt aber auch: Wenn ich es geschafft habe, kann das jede und jeder andere auch schaffen. Mein Buch verstehe ich darum auch als eine Anleitung zum Netzwerken, mit der ich allen Mut machen und jeden motivieren möchte, ebenfalls durch Networking erfolgreich zu sein und das machen zu können, was man immer schon machen wollten.

Zusatz für alle, die sagen: „Aber ich habe fürs Netzwerken kein Talent"

Eine der häufigsten Entgegnungen, die ich höre, wenn ich über Netzwerke spreche, ist: „Bei dir klingt das so einfach, aber ich habe einfach kein Talent fürs Netzwerken." Aus eigener Erfahrung kann ich da nur sagen, dass Netzwerken nichts, aber auch rein gar nichts mit Talent und auch nichts mit dem Charakter zu tun hat – wenngleich ich einräume, dass es Menschen gibt, die sich am Anfang oder in bestimmten Bereichen sehr viel leichter tun, weil sie beispielsweise stärker extrovertiert sind.

Netzwerken hat auch sehr viel mit Empathie zu tun – eine Fähigkeit, die ebenfalls erlernbar ist und keinesfalls etwas mit Talent zu tun hat oder mit der Gnade der Geburt ererbt wird. Ich selbst hatte das Glück, dass ich mir diesbezüglich sehr viel von meinen Eltern abschauen, sprich: lernen konnte. Meine Mutter ist extrem gut vernetzt und kennt halb Karlsruhe – mein Vater kennt übrigens die andere Hälfte meiner Geburtsstadt. Beide gehen aber sehr unterschiedlich an die Sache heran und von beiden konnte ich jeweils eine sehr wichtige Lektion lernen. Als ich in die Schule ging, war meine Mutter Verkäuferin in einem Schmuckgeschäft. Nach der Schule ging ich immer zu ihr in den Laden und beobachtete sie fasziniert stundenlang dabei, wie sie verkaufte und wie sie dabei mit den Menschen umging. Dabei kamen sehr unterschiedliche Leute in das Geschäft und meine Mutter verstand es immer, jeden auf eine ganz individuelle Art und Weise zu begeistern. Ob sie etwas kauften oder nicht – die Leute gingen immer mit einem Lächeln aus dem Laden raus. Schon als Kind war ich sehr erstaunt, wie sie es schaffte herauszubekommen, wer sich für was interessierte und was die richtige Tonlage war, um die Menschen anzusprechen. Mein Vater ging da ganz anders an die Sache heran. Wenn ich mit ihm durch die Stadt fuhr oder durch die Straßen spazierte, konnte er mir zu jedem, den wir trafen, erzählen, was er gerade macht oder früher gemacht hat, welche Stellung sie in der Firma hatten oder was dessen oder deren Kinder gerade machten. Mein Vater hat mir beigebracht, dass Bildung und Wissen, ein Interesse füreinander, einen Zugang zu Menschen schafft. Wenn man eine gemeinsame Sprache hat, gemeinsame Themen finden und gegenseitigen Respekt zueinander hat, kann man mit jedem ins Gespräch kommen. Diese Lektion sollte mir später, als ich in die Politik ging, noch unglaublich viel bringen. Dort war es wichtig, die Stellung der Menschen in der Partei zu kennen, zu wissen, welches Engagement sie an anderer Stelle einbrachten und wo ihre Interessen lagen. Oft geht es darum, die Regeln zu verstehen – sei es die eines Unternehmens, einer Partei, eines Netzwerks, eines Kiezes oder einer Organisation. Nur wer die Regeln versteht, kann sie befolgen oder auch mit ihnen spielen und letzten Endes ein Teil von etwas werden.

Warum es heute und in Zukunft wichtig ist, ein gutes Netzwerk zu haben

Ich hatte also das Glück, zwei der wichtigsten Lektionen zum Netzwerken von meinen Eltern zu lernen. Ganz nebenbei sozusagen. Aber wo kann man sonst noch lernen, wie man sich ein Netzwerk aufbaut? Ein gutes Netzwerk zu haben ist heute meiner Meinung nach mindestens ebenso wichtig wie eine gute schulische Bildung. Ein Netzwerk versetzt dich in die Lage, leichter Türen zu öffnen oder den Menschen zu begegnen, die dich weiterbringen. Wer gut vernetzt ist, hat besseren Zugang: zu Menschen und insbesondere auch zu Themen. Ein gutes Netzwerk basiert auf Vertrauen. Wer dir vertraut, gestaltet auch mit dir. Das hilft im Job ungemein, da es immer Situationen gibt, in denen du auf Kooperationen angewiesen bist. Und diese Kooperationen gehst du am ehesten mit den Menschen ein, die du auch persönlich kennst. Außerdem bin ich fest davon überzeugt, dass man gemeinsam mehr erreicht als alleine. Eine der wichtigsten Botschaften, die ich in diesem Zusammenhang gerne mit den Lesern dieses Buches teilen will: Netzwerken ist einfach, will aber gelernt sein.

Digitale Bildung muss das Thema Networking beinhalten

Ich halte das Thema Netzwerken wie gesagt mindestens für ebenso wichtig wie eine gute schulische Bildung. Das Problem ist, dass einem in der Schule niemand das Wissen, das Bewusstsein und die Fähigkeiten vermittelt, um später gut netzwerken zu können. Aus heutiger Perspektive stehen wir darum vor einer doppelten Herausforderung: Erstens muss die Digitalisierung ein zentrales Thema in Schule und Bildung werden. Das fängt mit der technischen Ausstattung an und umfasst eine ganze Reihe von wichtigen Themen und Know-how – wie etwa Programmieren, der Umgang mit sozialen Medien sowie die Befähigung zur Unterscheidung zwischen Fakten und „fake facts". Zweitens muss das Thema Netzwerken ein zentraler Bestandteil dieser Entwicklung und Erweiterung werden. Denn: Ohne ausgeprägte Networking-Skills sind Karrieren im digitalen Zeitalter kaum mehr erfolgreich zu gestalten.

Wie wichtig wäre es darum, sich in der Schule mit Netzwerken und der Bedeutung von zwischenmenschlichen Beziehungen zu beschäftigen. Wie überaus wichtig diese sind, belegt auch die Forschung. Beispielsweise untersuchte Jenny Wagner Fragen in ihrer „Selfie-Studie", wie sich das Selbstwertgefühl bei Schülerinnen und Schülern während der Abiturphase entwickelt. Sie sagt: „Für die Selbstwertentwicklung von Schülern sind Beziehungen wichtiger als Noten" [2]. Warum lernen wir dann nicht in der Schule, wie wir Beziehungen knüpfen und pflegen? Auch andere Studien belegen die Zusammenhänge zwischen unseren sozialen Beziehungen und unserer Selbstwahrnehmung [1]. Dank der digitalen Netzwerke können wir heute leichter denn je Netzwerke aufbauen – das geht aber umso leichter, wenn wir das nötige Wissen, wie diese Netzwerke funktionieren, mitbringen. Wenn dieses Wissen nicht vorhanden ist, können gerade die Social Media auch das Gegenteil bewirken. Sie können zu sozialer Vereinsamung führen, zur Schwächung der Konzentrationsfähigkeit beitragen [3] und uns im schlimmsten Fall sogar politisch radikalisieren. Gerade aus diesen Gründen ist es umso wichtiger, zu verstehen, was man dort macht und wie man die digitalen Netzwerke benutzt. Wenn es mir gelingt, hier mit diesem Buch einen bescheidenen Beitrag zu leisten, ist ein Teil meiner Mission erfüllt.

Über dieses Buch

Dieses Buch kann ganz traditionell von vorne bis hinten gelesen werden. Muss es aber nicht. Vielmehr möchte ich euch ermuntern, das Buch gerne auch kursorisch zu erkunden. Wenn euch speziell ein Thema interessiert, dürft ihr also gern mit diesem Kapitel anfangen oder auch einfach nur dieses eine lesen und den Rest für später aufheben. Jedes Kapitel steht auch für sich und du brauchst keine Informationen aus den anderen Kapiteln, um es zu verstehen. Gleichzeitig ist das Buch so angelegt, dass es durchaus sinnvoll ist, es Kapitel für Kapitel zu lesen, weil diese inhaltlich aufeinander aufbauen. Da ich auf keinen Fall eine spröde theoretische Abhandlung schreiben wollte, wartet die Netzwerkbibel mit vielen persönlichen Geschichten und Anekdoten auf. Da ich, wie bereits gesagt, auch der Überzeugung bin, dass Netzwerken erstens einfach ist und dich zweitens weiterbringen wird, möchte ich dich ermutigen, direkt zur Tat zu schreiten. Dazu habe ich eine 14-Tage-Challenge entwickelt. Diese soll dir die Möglichkeit geben, ganz einfach und Schritt für Schritt in das Thema Networking einzutauchen und praktisch umzusetzen. Die Challenge richtet sich sowohl an „Anfänger" als auch an Fortgeschrittene. Darum gibt es manchmal auch zwei Challenges, von der du dir einfach die aussuchen darfst, die für dich am geeignetsten ist.

Zu guter Letzt wünsche ich mir vor allem, dass du beim Lesen mindestens genauso viel Spaß und Freude hast, wie ich sie beim Schreiben hatte. Das gilt auch fürs Netzwerken selbst – versuche, Freude daran zu finden und es nicht als lästige Pflicht zu verstehen, zu der du dich zwingen musst. Netzwerken ist zwar Arbeit, darf aber deswegen trotzdem Spaß machen. Neben dem Sinn und der Freude am Thema Networking, die ich vermitteln möchte, gab es noch ein weiteres Leitmotiv beim Schreiben dieses Buches: die positive Einstellung zum Leben, die ich von meinen Eltern mitbekommen habe, die ich gerne an die Leser dieses Buches weitergeben möchte.

Tijen Onaran

Literatur

1. Lüdtke N, Matsuzaki H (2011) Akteur – Individuum – Subjekt. Springer VS, Wiesbaden
2. Wagner J (o. J.) Selfie-Studie. https://selfie-studie.de
3. Spitzer M (2012) Digitale Demenz. Droemer Knaur, München

Inhaltsverzeichnis

1

Einmal Politik und zurück: Lektionen aus dem politischen Alltag

Den Grundstein für das ganze Thema Networking haben tatsächlich meine Eltern gelegt. Mit beiden als positiven Beispielen aufzuwachsen war für mich sehr bereichernd. Während ich von meiner Mutter gelernt habe, wie ich ohne Vorurteile auf Menschen zugehe und das Gute in ihnen sehe, habe ich von meinem Vater gelernt, dass es notwendig ist, in Bildung und Wissen zu investieren, weil sie ein wichtiges Fundament für alles weitere sind. Meine Eltern waren es letztlich auch, die mich dazu bewegt haben, den Schritt in die Politik zu gehen. Wahrscheinlich hatten sie ab einem bestimmten Punkt auch einfach keine Lust mehr, jeden Tag mit mir über diverse Themen am Küchentisch diskutieren zu müssen. Sie waren der Meinung, dass eine Partei der ideale Ort sei, an dem mein Drang, Argumente auszutauschen und zu diskutieren, am besten aufgehoben sei. Natürlich war die Politik nicht der

© Springer Fachmedien Wiesbaden GmbH, ein Teil von Springer Nature 2019
T. Onaran, *Die Netzwerkbibel,*
https://doi.org/10.1007/978-3-658-23735-6_1

Hortus conclusus, in dem alle auf mich gewartet haben, um meine Meinung und meine Argumente zu hören. Vielmehr musste ich sehr bald lernen, dass es hier darum ging, Allianzen zu bilden und strategisch vorzugehen. Die Frage lautet immer: Wie gewinnst du am besten die Leute für deine Interessen? Wie sich später herausstellen sollte, ist dies eine enorm wichtige Lektion, wenn es ganz allgemein ums Netzwerken geht. Doch der Reihe nach.

Alles begann damit, dass ich zunächst zu den lokalen Treffen der FDP in Karlsruhe ging. Ohne so recht zu wissen, worauf ich mich genau einließ, erklärte ich mich nach kurzer Zeit bereit, mich für die anstehende Landtagswahl nominieren zu lassen. So zog ich in den Wahlkampf und versuchte, die Leute auf der Straße und bei Wahlkampfveranstaltungen von mir zu überzeugen. Das war einer der ersten Momente in meinem Leben, wo ich das, was ich von meinen Eltern gelernt hatte, aktiv anwenden konnte bzw. musste. Wie gehe ich auf diese oder jene Person zu? Was sage ich am besten, damit sie sich überhaupt mit mir unterhielten? Und was soll ich sagen: Letzten Endes hat es nicht gereicht, auch wenn ich dabei sehr viel über mich lernen konnte (Abb. 1.1).

Auch wenn aus meiner eigenen Karriere als Politikerin im baden-württembergischen Landtag nichts geworden ist, habe ich in den Jahren nach meiner Kandidatur noch lange in der Politik gearbeitet. In meiner Arbeit war ich für verschiedene Abgeordnete tätig – sei es auf nationaler oder auf europäischer Ebene. Diese Arbeit hat mich sehr geprägt und ich habe viel über Networking gelernt. Die drei wichtigsten Lektionen waren:

Abb. 1.1 Wahlkampfplakat für die Landtagswahl in Baden-Württemberg 2006

1. Werde zur Expertin für dein Thema.
2. Spreche über dein Thema vor anderen Menschen.
3. Setze dabei auf gute Rhetorik und lerne, eloquent zu sein.

Das waren keineswegs natürliche Instinkte für mich, die ich aus dem Elternhaus mitbekommen habe. Deswegen bin ich sehr dankbar über meine anfängliche Arbeit in der Politik, die für mich wie ein gutes Assessment-Center für meine spätere berufliche Karriere war. Ich konnte mich dort ohne großes Risiko warmlaufen, mir fast nebenbei viele Kompetenzen aneignen und von einigen Netzwerkprofis lernen. Ich bekam in der Folge die Möglichkeit, diverse andere Stationen zu durchlaufen – zum Beispiel arbeitete ich bei einer Hochschule und bei Verbänden, meistens leitete ich dort den Kommunikationsbereich oder baute diesen auf. Erst später habe ich erkannt, wie ähnlich sich Politik und Start-ups in einer Hinsicht sind. Sie setzen an derselben Stelle an: Du brauchst nur eine gute Idee und die richtigen Leute, um sie umzusetzen.

Das Start-up-Prinzip

Während die Politik nach wie vor als ein konservativer Bereich gilt, der nicht gerade für Agilität und Veränderung steht, sind Start-ups heute zu einem Synonym für Innovation und Erfolg schlechthin geworden. Diejenigen, die es geschafft haben, werden zum Teil wie Rockstars gefeiert. Aber warum ist das eigentlich so? Ich glaube, dass das am Start-up-Prinzip liegt: Damit meine ich die Kunst, aus wenig viel zu machen. Mit dieser Ausgangssituation können sich sehr viele Menschen identifizieren. Man braucht nichts weiter als eine gute Idee und die richtigen Leute, mit denen man sie umsetzen kann. Genau an diesem Punkt kommt das Networking ins Spiel. Wer sich bis zu diesem Punkt nicht besonders darum bemüht hat, in das eigene Netzwerk zu investieren, wird sich sehr viel schwerer tun, diese „richtigen Leute" zu finden.

Networking ist darum heute in vielen Situationen der Schlüssel, um eine Idee in Gang zu bringen. Darum lohnt es sich, so früh wie möglich ein Bewusstsein für den Wert eines Netzwerks zu entwickeln und, wann immer es möglich ist, Menschen in sein Netzwerk zu holen, die etwas können, das man selbst nicht kann. Das ist eines der Kriterien, die für mich immer wichtig sind, wenn ich bei Events neue Menschen kennenlerne. Entweder inspirieren mich ihre Geschichten und ihre Persönlichkeit oder sie können etwas, das ich nicht kann. Darum ist Netzwerken auch etwas anderes, als alle seine Freunde und Studienkollegen in die Freundesliste aufzunehmen. Was bringt ein Netzwerk, in dem zu 89 % Menschen sind, die genau das machen, was du selbst auch machst?

Dabei muss es nicht immer ein Start-up sein, um das es geht. Auch in Unternehmen, Behörden oder anderen Organisationen sind neue, innovative Ideen gefragt. Wenn traditionelle Unternehmen beispielsweise mit der Herausforderung konfrontiert werden, zum ersten Mal eine Social-Media-Kampagne zu starten, eine App zu entwickeln, einen Chatbot oder den Einsatz von Künstlicher Intelligenz zu testen, haben sie in den seltensten Fällen

Mitarbeiter, die das einfach können. In Situationen wie diesen zeigt sich, wie tragfähig und ausgebaut das eigene Netzwerk ist.

Rhetorik – Eine moderne Tugend

Eine weitere wichtige Lektion, die man aus der Politik lernen kann: Rhetorik und Eloquenz sind Schlüsselqualifikationen, wenn du deine Zuhörer von dir überzeugen willst. Zugegeben, nicht alle Menschen, die ihr Weg in die Politik führt, zeichnen sich durch perfekte Rhetorik aus. Und auch die Zahl an Politikern und Politikerinnen wird immer kleiner, die sich durch ihre gewinnende Rhetorik aus-zeichnen. Nichtsdestotrotz hatte ich das Glück, in die-sem Bereich während meiner Zeit in der Politik viel lernen zu können. Inzwischen habe ich auch den Vergleich und kann mit ziemlich hoher Sicherheit sagen: Die Quote an guten Rhetorikern ist in der Politik nach wie vor eindeutig und signifikant höher als in der Wirtschaft. Dazu nur ein Beispiel. Vor vielen Jahren war ich zu einer Firmenfeier ein-geladen. Als alle geladenen Gäste versammelt waren, trat der Chef ans Rednerpult, bat um Aufmerksamkeit, holte seine Notizen vor und begann seinen Vortrag. Die Zeilen fest im Blick las er Wort für Wort vor: „Meine sehr verehrten Damen und Herren, ich möchte Sie zunächst alle herzlich begrüßen…" An dieser Stelle stieg schon mehr als die Hälfte der Zuhörer mental wieder aus und auch ich kann bis heute nicht sagen, was der folgende Inhalt dieser Rede war.

Was bei der Firmenfeier schon fatal ist, gleicht im Arbeitsalltag schon beinahe einer Katastrophe. Das Stichwort lautet „Führung durch Vorbild". Heute müssen Führungskräfte mehr denn je durch ihr Auftreten, ihre Werte und ihre Worte überzeugen können. Allein weil heutzutage erwartet wird, dass CEOs, Geschäftsführer und Manager medial und persönlich sichtbar sind. Dazu gehört es auch, dass Führungskräfte sich selbst und ihre Themen öffentlich präsentieren, Stellung beziehen, Haltung zeigen. Sie müssen in der Lage sein, ihre Zuhörer abzuholen, mitzunehmen und zu begeistern. Ohne grundlegende Kompetenzen in Rhetorik und Storytelling sowie Medienkompetenz ist dies nur schwer möglich.

Die Inhalte, um die es heute in Unternehmen geht, werden immer komplexer. Blockchain und Künstliche Intelligenz sind einerseits sehr abstrakte und zum Teil schwer verständliche Konzepte, die den meisten Mitarbeitern sehr fern sind. Andererseits handelt es sich um Technologien und Themen, die die Arbeitswelt konkret verändern und von der potenziell alle gleichermaßen betroffen sind. Letzteres ist in den Köpfen der Menschen wiederum überaus präsent. Darum ist es eine der Kernaufgaben von Führungskräften, diese Diskrepanz zu überbrücken. Ihnen muss es gelingen, komplexe Inhalte einfach und verständlich darzustellen und die konkrete Bedeutung für das eigene Unternehmen und die eigenen Mitarbeiter greifbar zu machen. Wohin geht die Reise? Wie sieht die Zukunft des Unternehmens aus? Wie gestaltet sich der Weg dorthin? Und wie ist die Vision in den gesellschaftlichen Gesamtkontext eingebettet?

Rhetorische Fähigkeiten sind aber nicht nur deswegen nötig, weil neue Technologien rund um die Digitalisierung komplexe Inhalte liefern, die es zu vermitteln gilt. Durch die Digitalisierung stehen heute mehr Kommunikationskanäle als jemals zuvor zur Verfügung, um solche Inhalte mitzuteilen bzw. zu teilen. Storytelling-Kompetenzen sind darum heute mehr als „nur" Rhetorik oder auch nur die Fähigkeit, frei zu sprechen. Das Kommunikationsverhalten muss vielmehr auch zum Kommunikationskanal passen. Ein einstündiger Vortrag – auch wenn er brillant gehalten wurde – ist nicht mit Instagram kompatibel. Gutes Storytelling muss in Zukunft gleichermaßen digital *und* analog funktionieren. Das heißt, dass Storys, die digital verbreitet werden sollen, auch in analogen Formaten wie Veranstaltungen oder Vorträgen funktionieren und entsprechend konzipiert sein müssen. Und gerade weil Inhalte heute durch ein deutlich höheres Grundrauschen dringen müssen, ist die hohe Kunst des Storytellings, Inhalte und Standpunkte deutlich zu kommunizieren. Alles was klar gesagt werden kann, muss auch klar gesagt werden.

Die zentrale Rolle der Mentoren und Vorbilder

Nach meinem Wahlkampf 2006 hatte es zwar nicht für den Einzug in den Landtag von Baden-Württemberg gereicht, aber von der Politik hatte ich deswegen noch lange nicht genug. Vielmehr zog es mich danach aus der regionalen in die große Politik – über Brüssel nach Berlin. Dort arbeitete ich zunächst im Bundestag und später für

Silvana Koch-Mehrin. Für sie leitete ich in den kommenden fünf Jahren das Karlsruher Wahlkreisbüro und zog mit ihr in den Europawahlkampf. Ich habe keine Sekunde gezögert, als sie mich fragte, ob ich Interesse hätte, mit ihr zusammenzuarbeiten. Silvana hatte zu dem Zeitpunkt vieles von dem erreicht, wovon ich träumte. Sie hatte es als Frau in der Politik zu etwas gebracht, verfolgte spannende Themen und war unglaublich gut vernetzt. Auch wenn ich Silvana durch turbulente und schwierige Zeiten begleiten musste, kann ich sagen, dass sie mich unglaublich inspiriert hat und sie eines meiner ersten großen Vorbilder war.

Ich hatte das große Glück, dass ich auch später im Verlauf meiner Arbeit in der Politik für tolle Chefs und vor allem Chefinnen arbeiten durfte. Viele von ihnen haben mich gefördert und mich bei eigenen Projekten unterstützt. Das bringt mich zu der zentralen Rolle von Vorbildern und Mentoren beim Networking. Denn Netzwerkkontakte sollten nicht als reines Mittel zum Zweck betrachtet werden. Networking ist auch keine Einbahnstraße. Mentoren und Vorbilder sind einer der Aspekte von Netzwerken, bei denen es um Menschlichkeit geht, um Hilfsbereitschaft, die nicht zweckgebunden ist, um Motivation und Inspiration und manchmal auch um Freundschaft. Letzteres ist keine Voraussetzung dafür, dass er oder sie als Mentor oder Vorbild infrage kommt. Eine bestimmte Vertrautheit und Vertrauen sind jedoch wichtig, um auch sensible Themen besprechen zu können oder auch in schwierigen Phasen die Treue zu halten. In die Zeit, in der ich für Silvana im Wahlkampf aktiv war, fielen gleich mehrere Skandale. Da wir nahezu jeden Tag miteinander verbrachten, bekam ich das alles hautnah mit. In Momenten wie diesen ist es sogar eher von Vorteil, wenn eine persönliche Freundschaft dadurch nicht in Mitleidenschaft gezogen wird.

Nicht nur in der Politik, sondern auch im Bereich Wirtschaft ist die eigene Positionierung gegenüber Mentoren etwas, das von einer enormen Wichtigkeit ist. Zum einen aufgrund der strategischen Bedeutung von Mentoring. Besonders in Parteien hast du ohne jemanden, der dich fördert, kaum eine Chance, an eine wichtige Position zu kommen. Mentoren können hier als Förderer in Erscheinung treten. Sprich: Sie können dich innerhalb einer Partei nach vorne puschen oder, übertragen auf den Bereich Wirtschaft, dir zu einer Stelle in einem Unternehmen verhelfen. Die entscheidende Frage ist dann, wie du dich in dieser Situation verhältst. Bist du einfach nur froh, dass du eine Chance bekommen hast und sich das mit dem Netzwerken ausgezahlt hat? Mein Rat in dieser Situation ist, dass jetzt die eigentliche Networking-Herausforderung erst anfängt. Werde aktiv und verlasse dich nicht auf einzelne Personen. Stell dir immer die Frage, was passieren würde, wenn die- oder derjenige nicht mehr da wäre, der dich in ein Unternehmen gebracht oder dich bislang gefördert hat!

In meiner Zeit in der Politik konnte ich mehrfach beobachten, wie politische Karrieren endeten und was das für die engsten Vertrauten dieser Personen bedeutete. In vielen Fällen bedeutete es für diejenigen, die von Mentoren an eine bestimmte Stelle gekommen sind, auch mit ihnen wieder zu verschwinden. Das kann ebenso gut in Unternehmen passieren. Wenn diejenigen, die euch beispielsweise in ein Unternehmen geholt haben, ihren Karriereweg wo anders fortführen, bedeutet das nicht, dass ihr mit ihnen mitgeht. Deswegen lautet mein Rat in beiden Fällen: Baut euer eigenes Netzwerk auf. Mentoren sind enorm wichtig, aber verlasst euch nicht darauf, dass es nur eine Person gibt, die euch wohlgesonnen ist und euch fördert. Dein Netzwerk ist dein Kapital.

Challenge Nummer 1: Die Standortbestimmung
Die erste Challenge soll dazu dienen, euch ein Bewusstsein für euch selber, eure aktuelle Positionierung und Haltungen zu verschaffen. Wo stehst du in deiner Karriere? Wo willst du als nächstes hin? Was sind deine Langzeitziele? Was bräuchtest du, um den nächsten Schritt zu machen? Überprüfe, ob du spontan deine Themen nennen kannst, für die du stehst? Könntest du frei darüber sprechen, wenn du vor einer Gruppe von 100 Leuten stehen würdest? Überlege, wer dich bisher auf deinem Karriereweg begleitet und unterstützt hat? Wer sind deine Vorbilder? Folgst du ihnen in den Social Media? Hast du eine Mentorin oder einen Mentor, der oder dem du vertraust und an den du dich mit sensiblen Fragen wenden kannst, wenn es um deine Karriere geht?

2

Ich netzwerke, also bin ich… und wenn ja, wie viele?

Sage mir, wer in deinem Netzwerk ist, und ich sage dir, wer du bist

Zum Einstieg eine philosophische Frage: Wie werden wir zu der Person, die wir sind? Meine Antwort lautet: Sage mir, wer in deinem Netzwerk ist, und ich sage dir, wer du bist. Zur Erklärung: Netzwerke – im engsten wie im weitesten Sinne – spielen eine zentrale Rolle bei unserer Persönlichkeitsentwicklung. Netzwerke bestehen aus Menschen, die für unser Leben eine Bedeutung haben. Unser erstes Netzwerk bekommen wir quasi zur Geburt geschenkt – unsere Familien. Sie prägen uns, die Art, wie wir Beziehungen führen, unsere Werte, unsere Sprache, unsere Vorstellungen und unsere Gefühlswelt. Die nächsten Netzwerke, die in unserem Leben entstehen, kommen

© Springer Fachmedien Wiesbaden GmbH, ein Teil von Springer Nature 2019
T. Onaran, *Die Netzwerkbibel,*
https://doi.org/10.1007/978-3-658-23735-6_2

durch mehr oder weniger zufällige Begegnungen zustande. Sie bestehen aus Menschen beispielsweise aus unserer Nachbarschaft, Kindergarten- und Schulfreunde oder Menschen, die man in Sportvereinen trifft. Aber auch sie prägen viele von den Eigenschaften, die unsere Persönlichkeit ausmachen. Diese frühen Netzwerke entscheiden stark darüber, wie wir mit unseren ersten Misserfolgen umgehen, welche Bands wir gut finden oder welche Interessen und Hobbys wir verfolgen. Unser Netzwerk liefert uns sowohl Ideen als auch die entsprechende Anerkennung und Möglichkeit zur Identifikation.

Erst ab einem bestimmten Punkt im Leben müssen wir unser Netzwerkverhalten „professionalisieren". Ab dann suchen wir uns gezielt diejenigen Menschen aus, mit denen wir privat oder beruflich Kontakt haben wollen. Neben unseren echten Verwandten, die einen großen Einfluss auf unsere Persönlichkeitsentwicklung haben, bieten diese „Wahlverwandtschaften" einen tiefen Einblick in unsere Persönlichkeit. Unser Netzwerk gibt Aufschluss darüber, woher wir kommen, wo wir uns gerade befinden, und es bietet auch einen Ausblick darauf, was oder wie wir vielleicht erst noch werden wollen. Jemand, der zahlreiche Politiker oder Tech-CEOs in seinem Netzwerk hat, will vielleicht entweder selbst noch weiter aufsteigen oder ist vielleicht bereits dabei, die Parteileiter hochzusteigen oder ein Unternehmen zu gründen. Dasselbe gilt für Schauspieler oder Regisseure, YouTube-Stars oder Sterne-Köche – you name it. Vorbilder und Mentoren sind wichtig für unsere Persönlichkeitsentwicklung und für unsere intrinsische Motivation und darum ein zentraler

Bestandteil von Netzwerken. Wer wir sind und was wir machen, hängt also zu einem nicht unerheblichen Maß davon ab, wen wir kennen (wollen), mit wem wir in Kontakt sein und bleiben wollen – sprich: wem wir in unserem Leben eine Bedeutung geben.

Schaffe dir ein Netzwerk aus Talenten

Es gibt aber nicht nur positive Vorbilder und Motivatoren. Auch Neid kann uns motivieren, nach etwas zu streben, was andere haben. Solcher Zusammenhänge sollte man sich zwingend bewusst sein, da Neid im schlimmsten Fall sogar zum Karrierekiller werden kann. Das gilt insbesondere, wenn es um digitale Netzwerke geht. Denn dank der sozialen und beruflichen Netzwerke lässt sich heute jeder Aspekt unseres Lebens digital abbilden und miteinander vergleichen. Wer macht was mit wem? Wie viele Kontakte haben die Menschen in meinem Netzwerk? Wie viele Likes und Kommentare bekommen andere? Unsere Fantasie fügt noch das „Warum" an und schon geht die Neidspirale los. Dass dies nicht nur einzelne Nutzer betrifft, sondern im Funktionsprinzip angelegt ist, bestätigten bereits mehrere Studien zu dieser Fragestellung [1, 2]. War mein Essen heute genauso gesund oder genauso schön arrangiert? Das gleiche gilt für unser berufliches Leben. Wir teilen unseren Netzwerkkontakten stets mit, welchen neuen Kontakt wir haben, welchen neuen Karriereschritt wir geschafft haben oder welche Veranstaltung wir gerade besuchen. Das schafft täglich Raum für Assoziationen und Neidgedanken.

Wie kann man diese Gedanken, die ganz natürlich in uns, aber auch im System der digitalen Netzwerke verankert sind, in etwas Positives verwandeln? Ich selbst habe relativ früh gemerkt, worin ich richtig schlecht und worin ich richtig gut bin. Für mich besteht die Kunst dieser Erkenntnis darin, sich mit Menschen zu umgeben, die Talente mitbringen, die man selbst nicht hat. Ich würde niemals diese Menschen um ihre Gaben, ihr Wissen oder ihre Fähigkeiten beneiden, weil ich genau weiß, dass sie für mich unerreichbar sind. Darum kann ich mich für ihre Erfolge freuen, oder Motivation für mein eigenes Tun daraus ziehen, ohne dass daraus Neid entsteht. Und selbst wenn zwei Menschen eine ähnliche Sache gut machen, machen sie sie doch auf ihre ganz bestimmte Art und Weise. Jeder hat einen anderen Fokus, eine andere Perspektive oder einen anderen Blickwinkel. Es muss nicht immer alles unter dem Aspekt bewertet werden „Was kann die oder der andere besser?" oder „Was haben die anderen mehr?". Wem es gelingt, die negativen Vergleiche in eine konstruktive Vergleichbarkeit zu verwandeln, wird nicht mit Neid zu kämpfen haben, sondern erntet Motivation, schafft gegenseitige Anerkennung und Erfolg.

Neide nicht, schaffe dir Vorbilder

Es gibt noch eine weitere Methode, um Neid in eine positive Kraft zu verwandeln. Neid lässt sich auf die einfache Formel bringen: Das haben zu wollen, was andere bereits haben – das trifft nicht nur auf materielle Güter zu, sondern auch auf persönliche und berufliche Anerkennung

und Erfolg. Sich mit anderen zu vergleichen und das anzu-
streben, was andere wollen, muss allerdings nicht immer
etwas Schlechtes sein. Auch Vorbilder verkörpern etwas,
das wir anstreben und ebenfalls haben wollen. Allerdings
ist der Umgang, den wir mit Vorbildern haben, ein gänz-
lich anderer als der, den wir mit Personen pflegen, die
wir beneiden. Ein Vorbild zu haben bedeutet für mich,
dass ich meine Energie darauf verwende, um irgendwann meine Erfolge ebenfalls erreichen zu können. Neid
wirkt im Gegensatz dazu aber nicht produktiv, sondern
destruktiv.

Für mich war es beispielsweise immer schwierig, positives Feedback dort zu bekommen, wo dies ganz normal
sein sollte: im Unterricht. Das führte dazu, dass ich viele
Interessen außerhalb der Schule gesucht habe. Da ich von
meinen Lehrern kaum unterstützt wurde, habe ich meine
Motivation immer aus meinem persönlichen Umfeld
gezogen. Wer extrem an mich geglaubt, mich inspiriert
und motiviert hat, waren meine Eltern. Sie haben mir
wiederholt versichert, dass ich meine Ziele erreichen
werde, wenn ich an mich glaube und mir selbst vertraue.
Genau das haben sie mir auch selbst vorgelebt und darum
waren sie immer ein wichtiges Vorbild für mich. Das
Mantra „Du schaffst das" ist eine Grundvoraussetzung, die
ich gerne anderen weitergeben möchte. Der Selbstglaube
an sich, immer zu wissen, dass man alle Situationen
meistert – mal mehr, mal weniger, aber es geht immer
irgendwie weiter.

Probieren geht über studieren

Selbstvertrauen und das Mantra „Du schaffst das" sind natürlich kein Garant dafür, dass immer alles klappt. Auch dafür liefert meine Biografie ein eindrucksvolles Zeugnis. Im Grunde war die Lektion meiner Eltern der Startschuss für viele Brüche in meinem Lebenslauf. Nach einer kurzen, aber verhängnisvollen Liaison mit VWL studierte ich das, wofür mein Herz eigentlich schlug: Politikwissenschaft. Und siehe da: Es klappte! Das Studium finanzierte ich mir durch Nebenjobs. Und zwar durch einige; eher noch durch viele. Es gab eigentlich keinen Nebenjob, den ich nicht ausprobierte. Gastronomie, Verkauf, Spedition – auch den Part „als Mobiltelefon auf der Fußgängerzone Flyer verteilen" habe ich durch. Tschakka! Du schaffst das! Auch nach meiner Studienzeit habe ich in unterschiedlichsten Bereichen gearbeitet: Politik, Verband, Automobilbranche, Digitalbranche, Hochschule. Wenn es einen roten Faden in meinem Leben gibt, dann hatte er sich bei mir verlaufen! Oder er versuchte eine kunstvolle Figur zu formen. Was unterm Strich blieb war die Erkenntnis, dass ich von allem etwas konnte, aber keine Fachexpertin war und auch sein wollte. Wenn ich heute also meinem jüngeren Ich Tipps geben müsste, die es weiterbringen würde, ich würde immer sagen: ausprobieren, testen, hinfallen, aufstehen und wieder weitermachen!

Kaminkarrieren, also das geradlinige und stetige Aufsteigen in ein- und demselben Unternehmen, gehören ohnehin der Vergangenheit an. Die Halbwertszeit von

Wissen ist heute in etwa so stabil wie ein Kartenhaus. Zwar ist ein durchgestylter Lebenslauf nach wie vor der Traum von vielen. Ich glaube aber, dass wir einfach bessere Storytelling-Skills brauchen, um die neuen Narrative, die die neuen Karriereverläufe in unserer Generation hervorbringen, spannend erzählbar zu machen. Wer kann schon so eine Geschichte erzählen: „Meine erste berufliche Station prägte mein Leben über einen langen Zeitraum hinweg und dann bot sich mir eine interessante Entwicklungsperspektive nach oben, die ich schließlich nutzen konnte." Die klassische Kaminkarriere ist aber nun mal Seltenheit. Stattdessen sind heute Generalisten gefragt – diejenigen, die gestalten können, sich neuen Situationen und Herausforderungen stellen, und einfach machen. Schaue ich mir heute rückblickend mein Streben nach einer perfekten Jura- oder Medizinlaufbahn an, so weiß ich heute: Ich wäre nicht glücklich geworden. Denn als freiheitsliebender Mensch ist für mich eine feste, nicht veränderbare Struktur eher eine Bremse und Perfektion der „Show-Stopper". In unserer heutigen neuen Arbeitswelt braucht es Vordenker, mutige Macher und aktive Mitgestalter.

Perfektion ist *die* Karrierebremse

Wer sich wie ich ab und zu den Spaß macht und in der Zeitung (ja, die gibt es immer noch!) die Stellenanzeigen (ja, auch die gibt es immer noch!) liest, bekommt schnell den Eindruck, dass es nach wie vor den Standardlebensverlauf gibt oder vielmehr: dass es ihn sogar mehrheitlich geben muss. Er wird nämlich über-all gesucht. Kein Wunder also, dass es auch immer noch viele Menschen gibt, die all ihre Kräfte darauf verwenden, ihr Leben auf eben einen solchen perfekten Lebenslauf hin zu optimieren. Menschen, die diese Anstrengung auf die Spitze treiben, nenne ich die Perfektions-Junkies. Das sind diejenigen, die erst dann wirken und gestalten kön-nen, wenn alles seinen Platz hat. Jedes Wort wird gewägt, jede Tat dreimal durchdacht. Bloß kein Risiko eingehen. Doch Karrieren leben nun mal von Auf und Abs. Vom Unvorhersehbaren, Zufälligen und von Spontaneitäten! Wer nicht in der Lage ist, das Bild auch einmal schief hän-gen zu lassen, wird auf Dauer nicht erfolgreich sein. Denn Karriere lebt von Engagement, Leidenschaft, Fleiß und einer großen Portion Glück. Das „zur richtigen Zeit am richtigen Ort" kann aber nur entstehen, wenn nicht nach Schema F gehandelt wird, sondern Platz für Ungeplantes ist!

Es gibt aber eine Sache, die jeder tun kann, um die Wahrscheinlichkeit enorm zu steigern, zum richtigen Moment in seiner Karriere, die richtige Person zu tref-fen: Und das ist Netzwerken. Damit du es schaffst, diesen Moment dann auch in etwas umzusetzen, was dich dei-nem großen Ziel ein Stück weit näher bringt, brauchst du nicht Perfektion, sondern Vorbereitung.

Wie willst du anderen in Erinnerung bleiben?

Dazu musst du dir zunächst die Frage stellen, wie du anderen in Erinnerung bleiben willst. Der erste Teil der Antwort auf diese Frage bestimmt die Wahl des Kommunikationskanals. Denn: „The medium is the message!" Der Kontext, in dem eine Botschaft wahrgenommen wird, prägt ebenso die Nachhaltigkeit, wie etwas erinnert wird, wie der Inhalt der Nachricht selbst. Wenn du genauer wissen willst, wie welche Kanäle ticken und welcher Kanal für dich der richtige ist, lege ich dir unbedingt Kap. 11 der Netzwerkbibel ans Herz. Dort erfährst du in aller Ausführlichkeit, welche Plattformen ich für die relevanten halte, wie sie funktionieren und wie sie am besten für Networking-Zwecke eingesetzt werden können. Ganz allgemein gesagt gilt: Wenn du dich über soziale Netzwerke mit beruflichen Kontakten vernetzen möchtest, dann frage dich:

- Was erwartest du von dem jeweiligen digitalen Kanal?
- Willst du mit Themen spielen und Sichtbarkeit für dich generieren?
- Oder geht es dir vielmehr darum, dein Netzwerk auszubauen und Leute kennenzulernen, die du analog nicht triffst?

Xing und LinkedIn können dabei als digitale Adressbücher fungieren, die du dazu nutzen kannst, um Treffen anzubahnen. Dabei lohnt es sich, vorab zu schauen, ob du gemeinsame Kontakte mit diesem Kontakt hast. Wenn ja, kann dieser gemeinsame Kontakt dir ein Intro zu der neuen Person machen. Auch hier ist der Nachhaltigkeitsgedanke die Grundlage für den Erfolg. Klopfe nicht erst bei den Leuten an, wenn du ein dringendes Anliegen hast! Viel wichtiger ist es, den Kontakt zu halten und bei den Leuten im Gedächtnis zu bleiben. Dazu solltest du die Social Networks auch als Content-Kanäle und nicht nur als digitale Adressbücher sehen. Frage dich dabei immer, wie du den anderen in Erinnerung bleiben willst. Mit diesem Leitmotiv erledigen sich viele Netiquetten, weil der kategorische Imperativ seine Wirkung entfaltet.

Analog und digital greifen ineinander

Wenn du die digitalen Kanäle wie Xing oder LinkedIn nutzt, um neue Kontakte zu generieren und mit bestehenden in Kontakt zu bleiben, solltest du immer daran denken, dass sich analoge und digitale Kanäle ergänzen sollten. In den seltensten Fällen genügt es, Networking ausschließlich digital zu betreiben. Ich nutze die sozialen Netzwerke oft, um Kontakte mit Menschen anzubahnen, mit denen ich mich dann aber beispielsweise zum Lunch treffe, um eine persönliche Verbindung herzustellen. Das gelingt umso einfacher, wenn sich diese Person zuvor mit ihren Themen präsentiert hat. Dann ist es umso leichter, ins Gespräch zu kommen, gemeinsame Themen oder Anknüpfungspunkte für zukünftige Projekte zu finden.

Bei Xing und LinkedIn kannst du zum Beispiel selbst Artikel schreiben oder Artikel teilen, die du gut oder kontrovers findest. Auch hier gilt die Frage: Wie willst du anderen in Erinnerung bleiben? Wirfst du ihnen den Artikel, den du gut findest, einfach vor die Füße bzw. in die Timeline in der Hoffnung, dass sie nach der Lektüre schon wissen, warum du diesen Artikel geteilt hast und ob du ihn gut oder schlecht findest? Du hilfst deinen Kontakten, dich und deine Intentionen leichter einzuschätzen, wenn du Inhalte nicht nur teilst, sondern auch kurz kommentierst. Mit der Zeit kannst du dich somit mit deiner Expertise auf den Kanälen positionieren. Je öfter und je echter du das machst, umso einfacher ist es für andere, Kontakt mit dir aufzunehmen oder auf lange Sicht Kontakt mit dir zu halten, weil sie so immer auf dem Laufenden sind. Denn indem du deine Kanäle mit Inhalten ausstattest, signalisierst du deinen Kontakten, mit welchen Themen du dich beschäftigst, wo du aktuell stehst und wo sie anknüpfen können.

Verstehe all deine Anstrengungen aber nicht nur als Mittel zum Zweck – dein Ziel ist nicht, all deine Profile mit Content auszustatten. Der Content ist das Tool, mit dem du Networking betreibst. Es geht darum, sich mit Menschen auszutauschen, sich zu treffen, sich zu vernetzen, sich zu helfen und in Kontakt zu bleiben, Allianzen zu schmieden oder darum, strategische Netzwerke aufzubauen. In den meisten digitalen Netzwerken kannst du deine Kontakte beispielsweise nach Städten filtern. Triff dich mit deinen Kontakten vor Ort, denn dadurch bleibst du up to date und pflegst dein Netzwerk auch analog.

» **Das analoge Networking funktioniert nach dem Motto „Never lunch alone!"**

Funktionen wie die Filterfunktion helfen auch dabei, deine wertvollen Netzwerkkontakte vor unnützen Informationen oder Spam zu bewahren. Nutze also diese Möglichkeit nicht nur, wenn du beruflich unterwegs bist und in einer bestimmten Stadt jemanden für dein Lunch-Date suchst, sondern auch dann, wenn es um die Organisation von Events geht. Kommuniziere dabei so gezielt wie möglich, denn genau das ermöglichen diese Tools. Schließlich willst du, dass relevante Informationen bei den Menschen ankommen und wahrgenommen werden, die sie angehen. Wenn du ein konkretes Anliegen hast, schreibe eine E-Mail und vernetze dich gleichzeitig bei Xing. Auf diese Weise hast du einen Aufhänger und dein digitales Adressbuch mit einem relevanten Kontakt bestückt. Dieser Weg ist sehr effektiv, da du in der Ansprache Bezug zum persönlichen Treffen nimmst, wodurch dich dein Gegenüber einordnen kann. Eine kurze Aufhängernachricht zur Vernetzung zu schreiben, gehört zum Einmaleins beim guten Networking. Jedes Treffen in der echten Welt, jeder ehrliche Austausch über ein wichtiges Thema und jedes Vorbild in unserem Netzwerk bringen uns als Person und auch in der Karriere mehr voran als Neid, Perfektion oder die Angst, auch mal zu scheitern.

Challenge Nummer 2: Dabei sein ist alles

Für Anfänger: Bestimmte Netzwerke sind für berufliches Networking unerlässlich. Du hast noch kein LinkedIn-Profil, keinen Xing-Account und bist noch nicht bei Twitter? Na dann: Los geht's! Die Basismitgliedschaften sind kostenlos und du wirst sehen, dass Networking sich langfristig auszahlt.

Für Fortgeschrittene: Du hast bereits überall einen Account? Dann schreib doch mal wieder den einen oder anderen Kontakt persönlich an, bei dem du dich schon lange mal wieder melden wolltest, aber nie dazu kommst. Denn Netzwerken heißt auch: in Kontakt bleiben. Alternativ kannst du auch den nächsten Artikel oder das nächste Buch, das du besonders gut findest, mit deinem Netzwerk teilen. Sag dabei auch, was deine Gedanken beim Lesen waren und biete Raum für eine Diskussion.

Literatur

1. Hui-Tzu GC, Nicholas E (2012) "They are happier and having better lives than I am": the impact of using Facebook on perceptions of others' lives. Cyberpsychol Behav Soc Netw 15(2):117–121
2. Wenninger H, Krasnova H, Buxmann P (2018) Understanding the role of social networking sites in the subjective well-being of users: a diary study. Eur J Inf Syst (EJIS) 44:1–23

3

Ein gesundes Maß an Selbstüberschätzung. Warum Bescheidenheit nicht zum Erfolg führt

Warum tun wir uns mit Erfolgsgeschichten so schwer?

Wie stolz darf man auf das sein, was man erreicht hat, ohne gleich als Prahlhans oder „Prahlgretel" zu gelten? Wie gut sind wir darin, bei einer Küchenparty oder einem Event unsere Geschichten zu erzählen? Als ich bei einem Start-up-Event mal gefragt wurde: „Und wie bist Du in die Start-up-Szene hineingerutscht?" antwortete ich ganz ehrlich: „Über Umwege. Erst Politik, dann Wirtschaft, danach Verband und darüber dann mit vielen E-Commerce-Unternehmen zu tun gehabt, unter denen auch Start-ups waren. Und Du?", will ich wissen. „Ich komme aus einem Unternehmerhaushalt, ging an die WHU und wusste zu dem Zeitpunkt schon, dass ich

© Springer Fachmedien Wiesbaden GmbH, ein Teil von Springer
Nature 2019
T. Onaran, *Die Netzwerkbibel*,
https://doi.org/10.1007/978-3-658-23735-6_3

gründen will. Von da an ging es Schlag auf Schlag: Ideen sammeln, Business-Plan skizzieren, Investoren finden und zack – schon waren wir online!" Ich komme mir in dem Moment so langweilig vor wie meine Steuererklärung. Und wenn ich denke, dass ich endlich mal eine spannende Geschichte zu erzählen habe, spüre ich den „Oma erzählt vom Krieg"-Blick.

Das geht auch anders. 2017 war ich als Abgesandte aus Deutschland Teil einer Gruppe von 47 Frauen aus verschiedenen Ländern, in der einen oder anderen Form waren wir alle Gründerinnen von Unternehmen. Bei unserer gemeinsamen Reise durch die USA führten wir Gespräche zum Thema Mut, Gründergeist, Unternehmertum, Scheitern, Aufstehen, Weitermachen. Allen Gesprächen war gemein, dass wir am Ende, auch wenn es ums Scheitern geht, über den Erfolg sprachen. Auch die Gespräche innerhalb unserer Delegationsgruppe drehten sich darum, was jede Einzelne von uns bereits auf die Beine gestellt, erreicht und gemeistert hat. Die Tonalität von „Mein Haus, Mein Auto, Mein Boot" packte dabei aber übrigens keine von uns aus. Was mir dabei aufgefallen ist war, wie selbstverständlich Erfolg gelebt, zelebriert und kommuniziert wird (Abb. 3.1).

Mir fiel vor allem auf, wie groß der Kontrast im Vergleich zu dem war, was wir uns in „good old Germany" sonst an Erfolgsgeschichten erzählen. Als bekannt wurde, dass die Math42-Gründer ihr Unternehmen in Millionenhöhe verkauft haben [1], wurde in Foren und Artikeln gefragt, was so junge Gründer denn jetzt mit so viel Geld anstellen wollen. Es ist fast so, als ob es doch eine Kleinigkeit geben muss, die nicht gut läuft. Hierzulande lieben wir es, ein Haar in der

Abb. 3.1 Ein Teil der 47 Frauen, mit denen ich gemeinsam durch die USA reiste

Suppe zu finden. Im Fall von Math42 gab es zum Glück diese Wendung: Ihre Teilnahme bei der TV-Show „Die Höhle der Löwen" hatte ihnen kein Investment eingebracht. Puh, also doch nicht super dauererfolgreich. Wer so eine Geschichte in den sozialen Medien teilt, kann garantiert mit mehr Klicks rechnen als mit einer langweiligen Erfolgsgeschichte.

Weg von der Neiddebatte, hin zur Erfolgsdebatte

Vielleicht müssen wir anfangen, Erfolg neu zu denken. Nicht über Defizite zu sprechen, sondern über das, was bisher erreicht wurde. Als ich kurz nach meiner Reise in die USA bei einer Podiumsdiskussion teilnahm, konnte ich mit Vertretern aus Wirtschaft und Politik über digitale Transformation diskutieren. Es geht um das altbekannte Schreckgespenst Digitalisierung und sofort kamen die üblichen Argumente wie beispielsweise das, dass viele der Jobs von heute morgen nicht mehr da sind. Wir diskutierten und diskutierten, über den Einsatz von Social Media für Unternehmen, Politik und Start-ups – tatsächlich auch über die Tatsache, ob dies Sinn mache – und über viele weitere Themen und Herausforderungen. Aber ganz gleich, welches Thema an der Reihe war, der Grundton blieb immer gleich: Skepsis. Innerlich schüttelte ich immer mehr den Kopf und dachte mir, wie es mit dieser Grundhaltung nur möglich sein soll, mal auch etwas zu wagen, ein Risiko einzugehen, etwas Neues auszuprobieren, innovativ und kreativ zu sein, positiv in die Zukunft zu blicken und zu gehen. Plötzlich fand ich mich in der Rolle einer der Frauen wieder, die ich in Minneapolis – damals noch leicht überrascht – beobachtet hatte: Sie sprach über Erfolge und betonte dabei lobend die bereits erreichten Etappenziele und zeichnete ihre Zukunftsvision auf, wohin es in den nächsten Jahren idealerweise gehen soll. Wer so an die Sache herangeht, darf den Wettbewerb nicht als Feindbild verstehen, sondern als Motivation. Konkurrenten (insbesondere solche aus dem Start-up-Bereich) sind nicht von vornherein negativ besetzt, sondern vielleicht sogar Kooperationspartner, mit denen man sich austauschen und gemeinsam Projekte entwickeln kann. Wir müssen weg von der Neiddebatte und hin zu einer Erfolgsdebatte. Die erste Lektion dabei ist, sich selbst positiv darstellen zu können.

Was ist ein Elevator Pitch und wie setzt du ihn ein?

Immer dieses betretene Schweigen. Niemand fährt gerne Aufzug mit Personen, die man nicht kennt. Auf einmal ist man sich viel zu nah, da die meisten Innenräume mit Spiegeln verkleidet sind, gibt es kein Entrinnen, man ist miteinander konfrontiert und hat sich doch nichts zu sagen. Stell dir nun vor, du bist in eben einem dieser Aufzüge und triffst zufällig genau die Person, die der Schlüssel zu deiner Karriere darstellt – ein Investor, eine Personalerin oder wer auch immer dir gerade weiterhelfen würde. Du hast jetzt ca. 60 s Zeit, um dich dieser Person vorzustellen und sie von dir zu überzeugen. Kannst du das? Ganz spontan? Diese oder so eine ähnliche Situationen sind der Hintergrund für den sogenannten „Elevator Pitch", auch „Elevator Statement" genannt. Die Dauer einer Aufzugfahrt kann dein Leben verändern.

Wer versucht, einen Elevator Pitch einfach so aus dem Stegreif zu improvisieren, wird unter Garantie scheitern. Allein, weil in der entscheidenden Situation die Anspannung und Nervosität dazukommt – stell dir nur vor, dass du wirklich mit dieser Person in einem Aufzug bist! Wie gelingt es also, wenn eine gehörige Portion Adrenalin im System unterwegs ist und du willst trotzdem eine großartige Performance abliefern? Das gelingt nicht, wenn du die Situation aus der Hand spielst. Wenn es um deinen Elevator Pitch geht, ist intensive Vorbereitung wirklich alles. Ich würde sogar so weit gehen, zu empfehlen, dass du dich eine Stunde lang hinsetzt und so lange an deinem Statement feilst, bis es dich selbst überzeugt. Dann setzt du dich noch mal eine Stunde hin und lernst dieses perfekte Statement auswendig.

Dieses Vorgehen hat einen entscheidenden Vorteil gegenüber der Improvisation: Du setzt dich erst mal intensiv mit deinen eigenen Ideen auseinander und musst sie selbst so lange auf ihren Sinn und deine Überzeugungen hin überprüfen, dass jede Unsicherheit und jede Ungereimtheit, die vielleicht noch vorhanden ist, auftauchen wird.

Challenge Nummer 3: Der Elevator Pitch

Kannst du dich oder dein aktuelles Projekt überzeugend in 60 s vorstellen? Stell dir eine Reihe von Fragen – schreibe sie am besten direkt auf: Was macht dich aus? Was waren bislang deine größten Erfolge? Wo willst du in den nächsten Jahren hin? Warum solltest du auf jeden Fall ein Netzwerkkontakt bei Person X sein? Nimm dir am besten eine Stunde Zeit für diese Challenge. Überlege dir einen überzeugenden „Elevator-Pitch", von dem du auch selbst begeistert wärest. Lerne ihn auswendig und wende ihn regelmäßig an. Du wirst sehen: Menschen, die ein echtes Interesse an dir und deinen Fähigkeiten haben, werden zu deinen neuen Kontakten.

Man nehme: Eine gesunde Portion Selbstüberschätzung

So einen Elevator Pitch solltest du nun auf gar keinen Fall so vortragen, als hättest du ihn wirklich auswendig gelernt. Schließlich handelt es sich dabei nicht um ein Gedicht, das du für den Schulunterricht auswendig gelernt hast. Die geheime Zutat beim freien Vortrag ist eine gesunde Portion Selbstüberschätzung, und zwar immer dann, wenn es darauf ankommt. Du bist der Bringer! Wirklich! Du bist es! In dem Moment, in dem du dich bestmöglich verkaufen möchtest, geht es nicht darum, möglichst ehrlich zu sein. „Ich habe da eine tolle Geschäftsidee, aber ehrlich gesagt weiß ich überhaupt nicht, ob sich das technisch wirklich umsetzen lässt. Wahrscheinlich gibt es einige Vorschriften, die unser Geschäftsmodell hierzulande unmöglich machen. Wären Sie vielleicht trotzdem bereit, 2 Mio. EUR in unser Start-up zu investieren?"

Wenn du zu Networking-Events gehst, auf der Suche nach neuen Kontakten bist oder wirklich eine Geschäftsidee pitchen willst, dann sei von dir, deiner Idee und deinem Erfolg überzeugt. Wenn du nicht von dir selbst überzeugt bist, gehe noch mal auf Los zurück, überprüfe, ob es an dir oder deiner Idee liegt und starte den nächsten Versuch. Eine *gesunde* Portion Selbstüberschätzung sollte niemals so weit gehen, dass du dich selbst belügst. Wenn du mit Networking Erfolge erzielen willst, solltest du immer an das Thema Nachhaltigkeit denken.

Ich komme gern zu deinem Event, wenn ich jemanden finde, der mitkommt

Selbstbewusstsein und ein gesundes Maß an Selbstüberschätzung hilft dir auch bei Events. Immer wenn ich große Veranstaltungen und Events organisiere und entsprechend viele Menschen einlade, höre ich regelmäßig

Sätze wie: „Ich komme sehr gerne zum Event, wenn ich jemanden finde, der mitkommt." Diese Einstellung ist aus zwei Gründen falsch. Erstens: Wenn du nicht zu einer Veranstaltung gehst, weil du dort niemanden kennst, beraubst du dich selbst der Chance, jemanden kennenzulernen und dein Netzwerk zu erweitern. Und zweitens: Ganz ähnlich sieht es aus, wenn du als Tandem zu einem Event gehst. Denn wie wahrscheinlich ist es, dass du viele neue Kontakte knüpfen kannst, wenn du mit deiner besten Freundin oder deinem besten Freund zu einem Event gehst!? Ihr werdet die Köpfe zusammenstecken und euch miteinander austauschen, aber sicher nicht offen für neue Kontakte sein.

Als ich mich mit 18 Jahren dazu entschlossen habe, in die Politik zu gehen, fand ich mich selbst in der Situation wieder, Veranstaltungen besuchen zu müssen, auf denen ich niemanden kannte. Und ich gestehe: Mein erster Impuls war auch, meine Freundinnen zu fragen, ob sie nicht vielleicht mit mir mitkommen würden. Als ich dann aber erklärte, um welche Art der Veranstaltung es sich handelte und was sie dort erwarten würde – zum Teil sehr spröde Themen über regionale Fragestellungen in überwiegend männlich dominierten Gesprächsrunden –, ist natürlich niemand mit mir mitgekommen. Das hieß für mich, dass ich von Anfang an keine andere Wahl hatte, als alleine zu solchen Veranstaltungen zu gehen. Aus heutiger Perspektive konnte mir nichts Besseres passieren, weil ich so lernte, mich und meine Positionen zu vertreten und durchzusetzen.

Schüchternen und introvertierte Menschen lege ich nicht nur Kap. 12 ans Herz, sondern rate ihnen vor allem dazu, Networking-Formate zu besuchen, die für sie am besten geeignet sind. Inzwischen gibt es so viele unterschiedliche Formate zum Networken, dass eigentlich für jeden Geschmack etwas dabei sein sollte. Insbesondere Frauen tun sich schwer damit, auf hauptsächlich von Männern dominierte Netzwerk-Events zu gehen. Allein durch das zahlenmäßige Missverhältnis kann einem schon mal der Mut vergehen. Netzwerke, die nur für Frauen offen sind, haben meiner Erfahrung nach eine andere Klangfarbe als gemischte Netzwerke. Auch wenn alle Formen ihre eigene Daseinsberechtigung haben, so sprechen Frauen unter sich eine andere Sprache, genau wie Männer sich untereinander anders austauschen. Das meine ich ganz ohne Bewertung: es ist einfach anders, nicht besser oder schlechter. Aus Gründen wie diesen habe ich 2015 zunächst ein sogenanntes „Ladies After-Work" ins Leben gerufen – ein Event, bei dem wir uns einmal im Monat trafen und jeweils eine Frau als Gastgeberin einen Einblick in ihren Job gibt. Da es – typisch Berlin – zunehmend Frauen aus der Digitalbranche waren, die Interesse an dem Format gezeigt haben, entwickelte ich daraus die Idee für mein erstes Frauennetzwerk „Women in Digital", das inzwischen ein internationales Netzwerk geworden ist und „Global Digital Women" heißt. Mein Ziel war es, ein Netzwerk schaffen, das nicht als esoterische Klangschale daherkommt, sondern eines mit ansteckendem Sound. Bei Formaten wie Global Digital Women dürfen Frauen auch Frauen sein und sich ebenso über Nagellack austauschen wie über das neuste Projektmanagementtool.

Challenge Nummer 4: Solo

Such dir in deiner Stadt oder deiner Region ein Event, das dich sowohl vom Format als auch vom Inhalt total anspricht. Gehe auf jeden Fall allein zu diesem Event und nimm dir vor, offen für neue Begegnungen zu sein und selbst mutig auf die Menschen dort zuzugehen. Wenn du Challenge Nummer 3 schon erfolgreich absolviert hast, ist das die erste Gelegenheit, bei der du deinen Elevator Pitch ausprobieren kannst.

Literatur

1. O. A. (2017) Mathe-App macht Berliner Studenten zu Multimillionären. Handelsblatt, 21. Oktober

4

Werde sichtbar! Oder: Warum es sich lohnt, zum Corporate Influencer zu werden

Was sind Corporate Influencer?

Wie oft warst du schon bei einer Party und musstest erklären, was du beruflich machst? Mein persönlicher Traum ist bis heute lebendig, irgendwann einmal einen Job zu haben, der im Wörterbuch eine klare Definition hat. Vor allem, sobald ich die Fragezeichen meiner Verwandten förmlich über ihren Köpfen schweben sehe, wenn ich über „Digital Skills", „digitale Transformation" oder „Community Management" spreche, weiß ich, wovon ich nachts träumen werde. Wenn du nicht gerade einen selbsterklärenden Beruf wie Arzt, Pilot oder Fußballer hast, wäre das allein schon ein guter Ausgangspunkt, um zum Botschafter deiner Berufsgruppe zu werden. Ein anderer, ebenfalls nicht ungewöhnlicher

© Springer Fachmedien Wiesbaden GmbH, ein Teil von Springer
Nature 2019
T. Onaran, *Die Netzwerkbibel,*
https://doi.org/10.1007/978-3-658-23735-6_4

Fall: Musst du dich immer wieder dafür rechtfertigen, dass du für ein bestimmtes Unternehmen arbeitest, dessen öffentliches Image nicht das Beste ist oder das immer wieder mal schlechte Presse bekommt? Du arbeitest aber trotzdem gerne für diese Firma? Dann tritt den Vorurteilen entgegen und mit deinen Überzeugungen und deinen Gedanken nach außen. Genau das machen Corporate Influencer. Sie geben ihrem Unternehmen ein Gesicht.

Bei mir war das nicht anders. Nach meinem Abitur wollte ich immer etwas studieren, das auf einen klar definierten Beruf hinauslief – Jura oder Medizin zum Beispiel. Dann wäre ich jetzt Anwältin oder Ärztin, und jeder würde meine Berufsbezeichnung auf Anhieb verstehen. Wie gesagt: ein Traum. Kein Erklären, kein Einordnen. Doch für Jura oder Medizin fehlt mir eine Kleinigkeit: der geforderte Numerus Clausus. Und ehrlichweise auch die Leidenschaft. Stattdessen studierte ich im ersten Anlauf VWL. Beinahe wäre ich in der technischen VWL gelandet, hätte mir nicht mein Verstand noch rechtzeitig die Note meines Mathe-Abiturs vor Augen geführt: ein Punkt. Wie gut, dass mein Vater mich oft genug daran erinnert hatte, dass mir dieser eine Punkt noch zum Verhängnis werden würde. Dass auch mein normales VWL-Studium von Beginn an besonderen, sagen wir, Herausforderungen ausgesetzt war, lag auf der Hand. Nur nicht auf meiner – ich war der festen Überzeugung: Das kann ich. Es kam jedoch, wie es kommen musste: ich fiel zwei Mal durch ein und dieselbe Prüfung und konnte darin den freundlichen, aber bestimmten Hinweis erkennen: VWL und ich – wir waren nichts füreinander. Seither musste ich bei jeder Party umständlich erklären, was ich eigentlich beruflich mache und warum, mitunter musste ich mich richtiggehend rechtfertigen. „Du arbeitest wirklich für Politiker?", wurde ich mehr als einmal pikiert gefragt. Dass ich nicht zum Schämen in die Ecke verwiesen wurde, war auch alles. Momente wie diese motivierten mich aber umso mehr, mich mit meinen Statements und Selbstbeschreibungen zu beschäftigen – sprich: mit Personal Branding, eng verwandt mit dem Bereich der Corporate Influencer.

Warum du Corporate Influencer werden solltest

Wie genau wird man also Corporate Influencer? Bestimmt nicht so: „Wir brauchen jemanden, der für uns zum Corporate Influencer wird. Wer meldet sich freiwillig?" Wenn Fragen wie diese tatsächlich in Unternehmen im Raum stünden, würden alle Blicke simultan zum Smartphone, Richtung Fenster oder verschämt auf den Boden wandern. Jetzt bloß nicht auffällig verhalten! Ganz unwahrscheinlich ist es jedoch nicht, dass Szenen wie diese in dem einen oder anderen Unternehmen sich so oder zumindest so ähnlich abspielen werden. Denn wie wichtig Employer Branding für Unternehmen ist, hat sich langsam herumgesprochen. Dabei wird die andere Seite oft übersehen. Oder gibt es tatsächlich scharenweise motivierte Mitarbeiter, die nur darauf gewartet haben, endlich zum Corporate Influencer zu werden?

Dabei gibt es triftige Gründe, warum du dir die Frage stellen solltest, ob du nicht vielleicht doch zum Aushängeschild für deinen Arbeitgeber werden solltest. Darum folgen hier die drei wichtigsten Gründe, aus denen es sich lohnt, zum Corporate Influencer zu werden (Abb. 4.1 und 4.2).

Grund 1: Du hast in der Hand, wie dein Unternehmen wahrgenommen wird

Seien wir mal ehrlich: Es gibt Branchen, die Imageprobleme haben. Ein Skandal genügt und alle Chemie- und Pharmaunternehmen sind der Inbegriff des Bösen. Und der Bankensektor steht seit vielen Jahren ohnehin unter

Abb. 4.1   Rosa Riera, VP Employer Branding & Social Innovation at Siemens

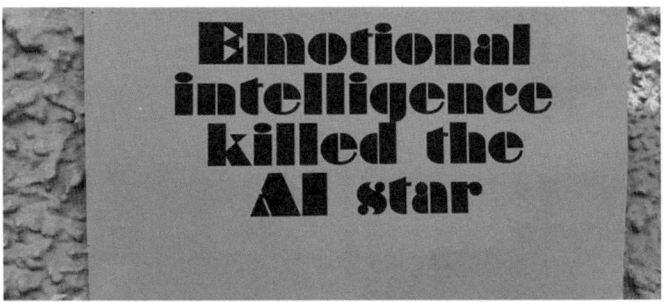

Why digitization makes us more human

Veröffentlicht am 9. April 2018

Rosa Riera | + Folgen
VP, Employer Branding and Social Innovation at Siemens
5 Artikel

147   3   23

"Change has never happened this fast before, and it will never be this slow again." These are
the words of the journalist Graeme Wood. And he's correct. Because, shaped by digitization,

Abb. 4.2 Rosa Riera nutzt ihre Social Media Kanäle, um auf Diversity, den CSD oder auch Erkenntnisse rund um AI aufmerksam zu machen

Generalverdacht. Trotzdem gibt es auch in solchen Branchen nicht nur schwarze Schafe, sondern viele gute Arbeitgeber und interessante Aufgabengebiete. Denn wie so oft gibt es in der Realität immer sehr viel mehr Graustufen jenseits von Schwarz und Weiß, viele Klischees und Vorurteile. Trotzdem müssen sich Menschen, die für ein solches Unternehmen arbeiten, häufig dafür rechtfertigen, warum sie sich gerade für dieses oder jenes Unternehmen entschieden haben oder ob sie das wirklich mit ihrem Gewissen vereinbaren könnten.

Genau das ist einer der Gründe, um Corporate Influencer zu werden. Denn die meisten Menschen entscheiden sich sehr bewusst dafür, für ein bestimmtes Unternehmen zu arbeiten. Sie haben Überzeugungen, gute Absichten und Beweggründe für ihr Handeln. Es gibt keinen Grund, diese geheim zu halten. Ganz im Gegenteil: Anstatt anderen zu überlassen, das öffentliche Bild von Unternehmen zu prägen, solltest du das direkt selbst machen. Der entscheidende Vorteil, den es mit sich bringt, wenn du das Messaging als Corporate Influencer übernimmst: Du bestimmst das Narrativ. Menschen können aus erster Hand erfahren, wie es ist, für dieses oder jenes Unternehmen zu arbeiten, welche Gesichter hinter den Schlagzeilen und Vorurteilen stecken, was sie bewegt und wie die Geschichte aus ihrer Perspektive aussieht.

Grund 2: Du sorgst dafür, dass du und deine Themen sichtbar werden

So weit, so gut. Hier kommt der Haken: Es ist dabei unvermeidlich, dass du als Person in Erscheinung trittst. Dazu gehört gerade am Anfang ein großes Stück Überwindungskraft und Mut. Aber dieser Mut wird sich auf lange Sicht auszahlen. Wer als Person und als Botschafter für seine Themen in Erscheinung tritt, bekommt nicht nur die Chance, das Narrativ zu bestimmen, sondern auch die Chance, sein Netzwerk zu erweitern und in Austausch mit Gleichgesinnten zu treten. Heute ist es einfacher als jemals zuvor, einen Anfang zu machen. Der erste Schritt dabei ist, dass du dir darüber klar wirst, was deine Themen sind.

Dann genügt es für den Anfang schon, regelmäßig bei LinkedIn oder Twitter einen Like zu vergeben – so sondierst du nach und nach, wer überhaupt zu einem bestimmten Thema in Erscheinung tritt und was deren Meinungen sind. Der nächste Schritt ist ebenfalls einfach: Teile Inhalte, die dich interessieren oder die du kontrovers findest, oder hinterlasse einen Kommentar dazu. Netiquette selbstverständlich vorausgesetzt.

》 Fang direkt an! Suche bei Twitter Personen, die du interessant findest und folge ihnen. Oder: Schreib selbst einen Tweet zu einem Thema, das dich beschäftigt.

Grund 3: Du hast die Macht, Dinge zu verändern

Nicht zuletzt haben Corporate Influencer enorme Macht, weil ihre Stimme als echt wahrgenommen wird. Das heißt: Wenn du etwas sagst, ist dir eine gewisse Aufmerksamkeit sicher und das, was du sagst, bekommt damit Gewicht. Als Corporate Influencer bekommst du damit nicht nur die Möglichkeit, dich mit deinem Wissen als Experte oder Expertin zu positionieren, sondern du bekommst auch die Möglichkeit, bestimmte Veränderungen anzustoßen. Du findest, dass es absolut Sinn macht, in deinem Bereich mobiles Arbeiten zu fördern? Du findest, dass mehr

Diversity deinem Unternehmen gut tun würde? Vertritt diese Position mit deinen Argumenten. Aus demselben Grund, warum wir gerne Blog-Beiträge oder Google-Bewertungen von Restaurants lesen und schätzen, wird deine Meinung auf lange Sicht eine Wirkung entfalten. Bestimmt bist du nicht allein mit deiner Meinung. Das heißt, dass du als Corporate Influencer für andere zum Vorbild wirst. Du wirst Gleichgesinnte finden, mit denen du dich vernetzen und Themen setzen und voranbringen kannst. Deine Stimme ist erst der Anfang. Wenn es dir gelingt, strategische Allianzen zu bilden, dann kannst du deine Themen gezielt platzieren und Veränderungen anstoßen.

Dass nur noch CEOs das Gesicht eines Unternehmens sein (beziehungsweise: werden) sollen, stimmt heute längst nicht mehr. Unternehmen, Führungskräfte und Mitarbeiter brauchen heute gleichermaßen den Mut, nach außen zu treten, Diversität zuzulassen und vor allem zu zeigen. Als Corporate Influencer hast du zudem die unschätzbare Gelegenheit, dein eigenes Netzwerk innerhalb und außerhalb deines Unternehmens zu erweitern, was dir völlig neue berufliche Perspektiven einbringen kann. Jetzt brauchst du nur noch den Mut, den ersten Schritt zu wagen – und das ist vielleicht einfacher, als du denkst (Abb. 4.3, 4.4).

Abb. 4.3 Manuel Gerres, Managing Director Deutsche Bahn Digital Ventures GmbH & Leiter New Digital Business Deutsche Bahn AG

Digitalisation of the railway industry: from "heavy metal" to an operating system all about mobility

Veröffentlicht am 11. Oktober 2016

 Manuel Gerres | + Folgen
Managing Director Deutsche Bahn Digital Ventures GmbH &
Leiter New Digital Business Deutsche Bahn AG
5 Artikel   54   0   15

There is hardly any other sector out there that still works in such a traditional way

Abb. 4.4 Manuel Gerres ist jemand, der mit Leidenschaft und Expertise versucht, Altes mit Neuem zu verbinden. Er hat ein diverses Team, mit dem er in spannende Geschäftsmodelle investiert und damit auch die Deutsche Bahn als digitales Unternehmen positioniert

Über den Mut, sichtbar zu sein

Bei einem meiner ersten Panels, saß in der ersten Reihe ein Publikumsteilnehmer, der – sagen wir mal – eine eher ablehnende Haltung meinen Aussagen gegenüber signalisierte. Klartext: jedes Mal, wenn ich etwas sagte, schüttelte der Zuhörer vehement seinen Kopf und als es ihm zu viel wurde, verließ er demonstrativ den Raum. Der Saal fasste knapp 300 Leute, insofern fällt es schon etwas auf, wenn jemand in der ersten Reihe den Raum verlässt. Die Moderatorin schaute irritiert zu mir rüber und ich hoffte innerlich, dass Guido Cantz um die Ecke kommt und „Willkommen bei verstehen Sie Spaß!" ruft. Nach der Diskussionsrunde begegnete ich meinem neuen Freund beim Get-Together und sprach ihn auf seine Aktion an – ich wollte einfach wissen, was ich gesagt hatte, dass ihn scheinbar so (negativ) berührt hatte. „Nichts Konkretes, ich habe nur grundsätzlich eine andere Meinung zu Ihren Thesen. Und: Das ist meine Art das auszudrücken – bin immer so!" Obwohl sich diese Episode nicht bei meinem ersten Auftritt bei einem Panel ereignete, zeigt sie, dass Mut immer dazu gehört, wenn man sich mit seiner Meinung öffentlich positioniert. Denn es wird immer jemanden geben, der anderer Meinung ist und dies auch zum Ausdruck bringen wird.

Sichtbar zu sein heißt, diskutierbar zu sein

Kann es sein, dass wir mit unseren Ansichten völlig daneben liegen? Haben wir vielleicht das wichtigste Argument übersehen und unsere Hausaufgaben nicht richtig gemacht? Wenn du dich dafür entscheidest, für deine eigenen Themen einzustehen, sie zu öffentlich diskutieren (ob im Netz oder auf der Bühne), dann gehört es auch dazu, auszuhalten, dass es andere Menschen gibt, die nicht die gleiche Meinung teilen. Daran lässt sich schlicht und ergreifend nichts ändern. Die entscheidende Frage ist, was sich ändern lässt. Für mich ist die größte Herausforderung beim Thema „Corporate Influencer" darum nicht unbedingt die Frage, wer sich mit seinen Themen positioniert oder was der konkrete Inhalt ist. Viel entscheidender ist das Wie. Das gilt für beide Seiten. Wenn du dich mit deiner Meinung oder deinem Thema positionierst, achte darauf, dass du nicht persönlich verletzend bist, du die Formen der Freundlichkeit einhältst und auch, wenn du andere kritisierst, das auf eine höfliche Art und Weise tust.

Jeder, der sich selbst in diese Position begibt, kennt die damit verbundene Dynamik nur zu gut. Denn sobald du auf einem Panel sitzt oder im Netz deine Meinungen und Ansichten verbreitest, machst du die Tür zu deiner Persönlichkeit ein Stück weit auf. Sichtbar zu sein heißt eben auch, diskutierbar zu sein und angreifbar zu sein. Die Freiheit, deine Expertise zu teilen, bringt eben auch die Verantwortung mit sich, für die eigene Haltung einzustehen. Am Ende heißt das auch, auszuhalten, dass es Menschen gibt, die schlichtweg anderer Meinung sind oder einfach nicht auf der gleichen Wellenlänge sind.

Die Perfektion zu Hause lassen

Eine der wichtigsten Einsichten, die ich im Lauf der vergangenen Jahre hatte, ist: Perfektion hemmt. Und: Es kommt immer anders als man denkt. Sei es auf Panels, in Talkrunden oder auch im Netz – es ist unmöglich, vorab alle Eventualitäten zu bedenken. Deshalb kann ich nur raten, die Perfektion zu Hause zu lassen. Sich zuzugestehen, Fehler zu machen, und mit Humor darauf zu reagieren, ist viel ratsamer, als den Kopf in den Sand zu stecken. Menschen lieben Geschichten von Menschen, und genau das gilt auch für diejenigen Unternehmen, die ihre Mitarbeiter sichtbar machen wollen. Das gilt aber auch für diejenigen, die an ihrer „Personal Brand" arbeiten. Nichts ist langweiliger, als wenn alles glänzt und poliert ist. Viel spannender ist Hinfallen, Aufstehen und Weitermachen!

Von der Theorie zur Praxis: So wirst du Corporate Influencer

So viel zur Theorie. Wie läuft es konkret in der Praxis? Eine der häufigsten Fragen, die ich diesbezüglich gestellt bekomme, lautet: Wie schaffe ich Sichtbarkeit für mein Business und mich? Gerade dann, wenn man am Anfang steht und kein Geld oder keine große Abteilung für Marketing oder PR hat, ist es die größte Herausforderung, trotzdem sichtbar zu sein. Doch es geht auch ohne großes Budget!

Definiere zunächst Deine Themen

Das Wichtigste beim Thema „Sichtbarkeit" ist die eigene Reflexion darüber, mit welchen Themen du dich identifizierst und mit denen du wahrgenommen werden möchtest. Wofür stehst du und wie kannst du das glaubwürdig vertreten? Hilfreich ist dabei, sich intensiv den eigenen Lebenslauf vorzunehmen. Frage dich ganz ehrlich, was deinen Weg bisher geprägt hat. Mach dir dabei keine Sorgen, wenn nicht alles super geradlinig ist oder dein Lebenslauf nicht zu einem Standard-Narrativ passt. Mosaikkarrieren sind weiter verbreitet als du vielleicht denkst. Antworte dir lieber ganz ehrlich, welche Entscheidungen du bereut hast und aus welchen Gründen. Warst du mit einer Stelle unzufrieden? Welche Themen haben dir gefehlt? Welche Kontakte hast du aus der Zeit? Wer von deinen Kontakten passt zu deinen Themen? Mit welchen Themen wirst du auch von deiner Familie und deinen Freunden identifiziert? Den Grundstein für die Kommunikation der eigenen Themen bildet die Definition dieser Themen.

» Nimm dir Zeit und zeichne ein Wunschszenario, wie du wahrgenommen werden möchtet – das ist die Basis von allem Weiteren.

Nutze die digitalen Kanäle!

Facebook, Twitter, Instagram, Xing, LinkedIn – wo anfangen, wo aufhören? Zugegeben: die digitalen Kanäle können einen erdrücken – vor allem dann, wenn auch das zeitliche Budget sehr begrenzt ist. Oft höre ich: welchen Kanal soll ich denn nun nutzen? Wahr ist: alle Kanäle haben ihre Vor-, und Nachteile sowie ihre Zielgruppe. Darum ist die Definition der eigenen Themen im ersten Schritt so wichtig. Sie sind die Voraussetzung für die Kommunikation im Weiteren. Habt ihr ein greifbares Produkt, das von Bildern und Eindrücken lebt wie beispielsweise aus dem Lifestyle-Bereich, dann lohnt sich definitiv Instagram. Ist eure Dienstleistung eher eine, die von euch als Person lebt, ist der Fokus auf Twitter sicherlich zielführend, um dich als Experte oder Expertin zu positionieren. Die digitalen Kanäle brauchen viel Zeit und Liebe, darum ist es wichtig, hier gut auszuwählen. Aber eines ist sicher: Es lohnt sich! (Abb. 4.5).

Abb. 4.5 Vera Schneevoigt Head of Product Supply Operations/ Geschäftsführerin bei Fujitsu ist unglaublich aktiv auf Facebook, Twitter und LinkedIn – bei ihr lese ich viele Artikel zuerst, auf die ich so nie gestoßen wäre

Ein paar rechtliche Tipps

Wie gesagt: Sichtbarkeit in sozialen Netzwerken ist recht einfach zu erzielen. Ein paar rechtliche Dinge gibt es jedoch zu beachten:

- Mache sichtbar, ob du offiziell für dein Unternehmen auftrittst oder nicht. Bei Twitter etwa bedeutet dies: Lege in deinem Profil offen, für welches Unternehmen du arbeitest und ob dies ein offizielles Unternehmensprofil ist oder deine eigene Meinung vertritt. Also etwa: „Project Manager Business Development at Company XYZ. Opinions are my own."
- Beachte die Social-Media-Guidelines deines Unternehmens. Womöglich gibt es Dinge, die du hier beachten solltest. Tausche dich im Zweifelsfall mit einem Ansprechpartner aus der Kommunikationsabteilung aus.
- Sobald du Profile geschäftsmäßig nutzt, also etwa mit Postings oder Werbung Geld verdienst, solltest du dich umfassender informieren. Beispielsweise solltest du dann ein Impressum auf deinen Kanälen einfügen. Gute erste Hilfestellung zu dem Thema bietet etwa der Blog des Anwalts Dr. Thomas Schwenke oder der Blog „Diercks Digital Recht" der Anwältin Nina Diercks, auch gibt es inzwischen einige Bücher dazu.

Actions speaks louder than words

Wie heißt es in Norddeutschland so schön: „Nicht schnacken, sondern machen!" Siehst du eine Konferenz, die genau Dein Thema beinhaltet, dann schreib die Veranstalter an und weise auf dein Portfolio hin! Vielen fällt das genau sehr schwer, weil sie denken, dass die Veranstalter auf sie zukommen müssten. Aber so ist es eben nicht. Die Veranstalter sind oft so in ihre Abläufe und Netzwerke eingebunden, dass sie auf die „Altbewährten" zurückgreifen, um auf kein Risiko einzugehen. Oft sind weder Zeit noch Ressourcen da, um aufwendige Recherchen zu betreiben. An der Stelle ist es immer ratsam, sich persönlich mit den Veranstaltern zu vernetzen – man bleibt viel besser im Gedächtnis und die Veranstalter denken eher an dich, wenn sie nach Referenten suchen. Netzwerk ist hier das A und O! Darum ist es so wichtig, regelmäßig mit seinen Themen in den sozialen Netzwerken aufzutauchen. Dadurch ist es gewährleistet, dass du immer wieder mal den Veranstaltern mit deinem Thema begegnest. Nur wer dich kennt, wird dich auch in geplante Projekte einbeziehen. Das können Veranstaltungen oder Aktionen sein, die wiederum für deine Karriere oder dein Business sehr hilfreich sein können. Daher ist die Vernetzung in und außerhalb deiner Zielgruppe enorm wichtig, um deine Expertise zu teilen und in den Köpfen der Menschen hängen zu bleiben. Denn einerseits muss das Netzwerk verstehen, für welche Themen du stehst und andererseits musst du am Anfang für diese Themen auch eine Sichtbarkeit schaffen. Zudem muss das Netzwerk erfahren, dass du Interesse und Gefallen daran hast, deine Gedanken und Expertise mit anderen zu teilen!

>> Sichtbarkeit ist kein Modethema. Es ist essenzieller Bestandteil deiner eigenen Leistung. Ob es das Intranet deines Unternehmens oder die Weiten des Internets sind: Die Welt da draußen muss wissen, wofür Du stehst!

Challenge Nummer 5: Werde sichtbar!

Für Anfänger: Überlege dir, was deine Themen sind, die dir am Herzen liegen und promote sie. Du kannst einfach einem Tweet einen Like geben, der absolut deine Meinung repräsentiert. Wenn das Kinderkram für dich ist, dann gehe einen Schritt weiter und schreibe einen Kommentar oder engagiere dich in einer Diskussion. Aber immer dran denken: Konstruktiv und positiv lautet die Devise. Wenn du dich mit deinem Thema sogar schon so sattelfest fühlst, schreibe vielleicht sogar einen kleinen Text und veröffentliche ihn bei LinkedIn oder Xing.

Für Fortgeschrittene: Es ist Zeit für die große Bühne. Warum nicht mal bei einer Fuck-up-Night mitmachen, bei einer Konferenz dein Expertenthema vorzustellen oder bei einer Paneldiskussion teilzunehmen. Suche dir ein Format oder ein Event aus, das zu dir und deinen Themen passt, mache die Veranstalter ausfindig und schreibe sie an. Stelle dabei im Vorfeld sicher, dass alle deine Profile in den Netzwerken ein konsistentes Bild ergeben. Würdest du den Personen, die du kontaktierst, so in Erinnerung bleiben, wie du möchtest? Verstehen sie sofort, wofür du stehst und was deine Themen sind? Bietest du ihnen die Möglichkeit, sich einen näheren Eindruck davon zu verschaffen, was sie sich von dir erwarten können?

5

Netzwerke und Macht. Warum Netzwerken eine Führungskompetenz der Zukunft ist

Netzwerke der Macht und warum wir uns beim Netzwerken gut fühlen sollten

Networking hat durchaus kein rundum positives Image. Nicht nur wird Netzwerken immer wieder als „schmutziges Geschäft" dargestellt und mit Begriffen wie Vetternwirtschaft, Vitamin B oder Filz abschätzig und ambivalent beschrieben beziehungsweise auch so wahrgenommen. Aber es kommt noch schlimmer. Laut einer Studie der Forschergruppe rund um Tiziana Casciaro von der Universität Toronto, haben Menschen, die von Networking profitieren, ein schlechtes, „schmutziges" Gefühl [1]. Der Hintergrund ist einfach erklärt: Menschen, die von einem Gefallen profitieren, fühlen sich selbst hilflos, weil sie etwas nicht aus eigener Kraft

© Springer Fachmedien Wiesbaden GmbH, ein Teil von Springer Nature 2019
T. Onaran, *Die Netzwerkbibel,*
https://doi.org/10.1007/978-3-658-23735-6_5

heraus geschaffen haben. Eine Ursache davon ist sicher die überall geförderte und geforderte Erwartung, dass man alles allein, aus sich selbst heraus schaffen muss. Es ist wichtiger, besser als alle anderen zu sein als sich gegenseitig zu unterstützen. Eine andere Ursache hat mit Psychologie zu tun. Das „schmutzige Gefühl" kommt auch daher, dass sich Menschen in der Schuld des anderen fühlen. Man spürt die implizite Verpflichtung, jetzt auch etwas für die andere Person tun zu müssen, die einem selbst geholfen hat. Je öfter jemand von Netzwerkkontakten profitiert, desto höher wird sein Schuldenkonto und desto schlechter das eigene Gefühl.

Die Ergebnisse dieser Studie finde ich aus mehreren Gründen erschreckend. Zum einen, weil sich aus einer positiven Situation heraus ein schlechtes Gefühl einstellt. Meinem Verständnis nach lebt Netzwerken vor allem aus der Tatsache heraus, dass man selbst mehr gibt, als man nimmt. Die These, dass dies bei denjenigen, denen man einen Gefallen tut, ein schlechtes Gefühl auslöst, ist für mich unlogisch. Denn, wenn man dem Ideal folgt, mehr zu geben als zu nehmen, warum sollte man dann ein schlechtes Gefühl haben, wenn man vom Networking profitiert!? Die Studie ist insofern ein Indiz dafür, dass wir uns um ein grundlegend neues Verständnis von Networking bemühen sollten. Zum anderen ist es aber so, dass sich heute, im Zeitalter von Social Media und New Work an der Zeit, der Charakter, die Bedeutung und die Funktion von Netzwerken ohnehin grundlegend wandeln.

Führungskräfte können in Zukunft ohne Networking-Skills keine Karriere mehr machen. Nicht etwa, weil ohne Vitamin B in der deutschen Wirtschaft nichts ginge. Sondern weil Networking eine Leadership-Technik ist. Networking wirkt sowohl nach innen, weil CEOs, ManagerInnen, GeschäftsführerInnen, AbteilungsleiterInnen etc. sich als Teil ihres firmeninternen Netzwerks begreifen und positionieren müssen. Dieses Netzwerk gilt es ebenso zu pflegen wie alle anderen Formen von Netzwerken. Networking wirkt aber auch nach außen, weil Unternehmen gute Beziehungen zu anderen Unternehmen führen müssen und weil sie ihren Kunden und potenziellen, zukünftigen Mitarbeitern ein realistisches Bild von sich präsentieren müssen. Ohne Austausch und Kooperationen werden selbst etablierte Unternehmen in Zukunft nicht das für ihr Überleben relevante Wissen nutzen können. Beispielsweise kann ein traditioneller Landmaschinenhersteller nicht von sich aus Know-how im Bereich Künstliche Intelligenz aufbauen, weil es dafür innerhalb des eigenen Unternehmens kaum Voraussetzungen gibt. Mit den entsprechenden Kontakten zu Start-ups oder Freelancern können Pilotprojekte aber durchaus bis zum Proof-of-Concept – also die Prüfung, ob ein Projekt oder Konzept realisierbar ist – geführt werden, um von dort aus dann weiterzumachen. Warum sollten diese ihre Chancen aber in der Provinz vermuten und nicht viel eher in den Tech-Metropolen der Welt?

„Die meisten Manager sind schlechte Netzwerker"

Das typische Profil von ManagerInnen beinhaltet in der Regel die folgenden zwei Elemente: Fachlich und technisch versiert und gut ausgebildet. Darum ist es alarmierend, wenn die Professorin der London Business School Herminia Ibarra sagt: „Die meisten Manager sind schlechte Netzwerker" [2]. Manager könne laut Ibarra nur eine Sache besonders gut: Die Dinge erledigen, die gerade anstehen. Alles andere wird dieser Aufgabe untergeordnet. Darum planen sie sich viel zu selten Zeit für Netzwerken ein. Oder die Kontaktpflege ist einer der Punkte ganz weit unten auf ihrer Liste und wird mit entsprechend wenig Lust und Leidenschaft erledigt. Das Paradoxe an dieser Situation ist: Gerade die EntscheiderInnen haben exklusive Einsichten und hätten oft die interessantesten Geschichten zu erzählen. Darüber hinaus verfügen sie über enorm viel Expertenwissen und Einsichten in die Praxis. Die besten Voraussetzung also, spannende Inhalte mit ihrem Netzwerk zu teilen.

Zum Problem wird das vor dem Hintergrund, dass gerade im Management-Bereich seit vielen Jahren der Trend dahin geht, dass die durchschnittliche Verweildauer von ManagerInnen und Führungskräften in einem Unternehmen immer kürzer wird, während gleichzeitig die Zahl der Interim-Stellen stetig wächst [4]. In anderen Worten: Netzwerke werden für die Karriere immer wichtiger. Vor allem Netzwerke, in denen sich nicht nur MitarbeiterInnen und KollegInnen aus der eigenen Firma befinden. Denn ansonsten heißt es wirklich: Job weg, Kontakte weg.

Warum CEOs die Social Media nutzen sollten und vor allem wie

Networking für Führungskräfte, GeschäftsführerInnen und TopmanagerInnen heißt aber nicht einfach, die beruflichen Adressbücher mit möglichst vielen Kontakten zu füllen. Seitdem ich John Legere auf Instagram folge, weiß ich beispielsweise nicht nur welche Erfolge die Telekom in den USA feiern, sondern auch wie lange das perfekte Steak gebraten werden muss und wann die beste Zeit zum Joggen ist. Was haben Steaks, Sport und Quartalszahlen mit Networking zu tun? Einfach alles. Im Gedächtnis bleiben, das zu teilen, was einen bewegt und ausmacht, die eigenen Erfolge zu feiern – all das steht im Zentrum von Networking. Auch bei Workshops und in Unternehmen merke ich immer wieder, wenn ich mit Fragen wie dieser konfrontiert werde, wie groß die Unsicherheit im Umgang mit den digitalen Kanälen ist. Der Effekt ist überall gleich: es herrscht allgemein eine große Zurückhaltung und Skepsis. Wie sollen CEOs im Social-Media-Zeitalter also am besten ihre Kommunikationsstrategie ausrichten? Was sollten CEOs über die digitalen Kanäle teilen? Und was nicht?

„The medium is the message": Finde den für dich passenden Kanal

Noch bevor es mit dem Teilen von Inhalten losgehen kann, muss eine wichtige Entscheidung gefällt werden: welche Kanäle passen zu mir? Die Auswahl ist inzwischen sehr groß und für jede Plattform bringt ihre eigenen Herausforderungen mit sich. Klar ist auch, dass die Devise nicht lauten kann, einfach bei allen dabei sein zu müssen. Diese Frage nach dem passenden Kanal ist aber insofern wichtig, weil die Wahl darüber entscheidet, wie viel Zeit in die Aktivität dort investiert werden muss. Denn CEOs, die in den Social Media präsent sein wollen, müssen sich darüber im Klaren sein, dass eine erfolgreiche Social-Media-Strategie Zeit und einen gewissen Aufwand kosten wird. Für John Legere bedeutet es beispielsweise, ein breites Spektrum von Kleidungsstücken in der Telekom-Farbe Magenta zu besitzen. Aber letzten Endes ist es keine Zeitfrage, sondern eine Frage der Prioritäten, ob ein Social-Media-Auftritt und die damit verknüpfte Networking-Strategie zum Erfolg wird.

Echtheit ist alles: Die passende Tonalität finden

Auch wenn es platt klingt, aber auch in diesem Bereich gilt: Aller Anfang ist schwer. Da die meisten CEOs und Führungskräfte kaum auf Erfahrung im Bereich Social Media zurückblicken können, wird die Angst vor dem ersten Shitstorm am Anfang immer dabei sein, auch wenn ein gutes Team oder ein Beratungsunternehmen zur Unterstützung haben. Nichtsdestotrotz ist in allen Fällen wichtig, die eigene, passende Tonalität zu finden. Wer vom Typ her eher seriös ist, sollte auch auf seinen Social-Media-Kanälen versuchen, seriös herüber zu kommen. Auch umgekehrt gilt: Wer im echten Leben den Schalk im

Nacken hat, sollte sich auch nicht scheuen, sich auf den Kanälen entsprechend humorvoll zu geben. Je echter und realistischer die Tonalität ist, desto erfolgreicher wird die Kommunikation über die Social Media funktionieren. Auf das Thema Networking zugespitzt bedeutet das, die Tonalität als einen Teilaspekt des Erwartungsmanagements zu verstehen. Es bringt nichts, ein verzerrtes Bild zu vermitteln und damit falsche Erwartungen zu erzeugen.

Das Ende der linearen Medien: Interaktion mit der Community

Auch wenn die sozialen Medien eben als neues „Medium" neben den bereits bestehenden Medien wie Radio oder Fernsehen bezeichnet werden, so unterscheiden sie sich doch grundlegend davon. Insofern trifft die Bezeichnung soziale Netzwerke ihren Kern besser. Die sozialen Netzwerke leben nämlich von der Interaktion der Nutzer. Denn gerade die Interaktivität unterscheidet die Social-Media-Kanäle von anderen Formen der linearen Kommunikation, bei denen es nur einen Sende-Kanal gibt. Der Anreiz für andere, bestimmten Nutzern zu folgen, steht und fällt mit deren Bereitschaft mit ihren Followern zu interagieren. Zudem zeigt sich an der Interaktion mit der Community, dass ein ernsthaftes Interesse an den Themen und am Social-Media-Auftritt besteht. Dabei muss „Interaktion" nicht immer eine in die Tiefe gehende fachliche Diskussion sein – auch das Teilen von Inhalten anderer oder das Liken von Inhalten zeigt ein ernst gemeintes Interesse und Engagement.

Besonders verhängnisvoll ist hier in diesem Zusammenhang die Diskrepanz zwischen Selbstwahrnehmung und Fremdwahrnehmung. Dem „Engagement Index" von Gallup zufolge ist die überwiegende Mehrheit (97 %) der Führungskräfte davon überzeugt, keinerlei Defizite zu haben und eine gute Führungskraft zu sein. Werden die Mitarbeiter jedoch gefragt „Hatten Sie in Ihrer beruflichen Laufbahn schon einmal eine schlechte Führungskraft?", so antworten 69 % mit Ja. Und nur etwa die Hälfte der befragten Mitarbeiter sagen, dass es eine kontinuierliche Kommunikation zwischen Führungskräften und ihnen gibt [5]. Dabei sind die positiven Effekte eines engen, sich rege austauschenden Netzwerks ebenfalls belegt. Mitarbeiter sind motiviert, es gibt weniger Mobbing und die Bindung zum Unternehmen steigt.

Warum wir Home-Storys lieben: Einen Blick hinter die Kulissen gewähren.

Wenn es um die Inhalte geht, die auf den Social Media geteilt werden, gilt eine schlichte Regel: Twitter, LinkedIn, Xing & Co. sind nicht der verlängerte Arm der Abteilungen für Presse- und Öffentlichkeitsarbeit. Hier geht es nicht um die perfekten Bilder für den Werbespot. Es geht vielmehr um Nähe, den Blick über die Schulter oder den Blick hinter die Kulissen. Dabei sollte klar werden, dass hier die Gelegenheit genutzt wird, um eine echte Einblick in die Gedanken- und Arbeitswelt gewährt wird. Twitter sollte darum nicht als Kanal für die verkürzte Pressemitteilung verstanden werden. Wenn ich CEOs auf Twitter folge, will nicht nur wissen, was deren Unternehmen macht – dafür gibt es andere Informationsquellen. Mich interessiert vielmehr, welche Gedanken sie sich zu bestimmten Themen machen oder wie sie ihren Arbeitsalltag gestalten. Was ist ihr Geheimnis für ihren Erfolg? Was sind ihre Gedanken zur Digitalisierung? Welche Werte vertreten sie? Und hin und wieder dürften auch Banalitäten des Alltags dabei sein – schließlich schenken wir einem einzelnen Post nur wenige Sekunden Aufmerksamkeit. Auch das sind Dinge, die man im Normalfall nicht erfahren würde und vielleicht gerade deswegen in Erinnerung bleiben. Wer sein Netzwerk mithilfe der digitalen Netzwerke erweitern will, muss seiner Community in irgendeiner Form einen Mehrwert bieten, um im Gedächtnis bleiben.

Keine Sorge: Wer Visionen hat, muss nicht mehr zum Arzt gehen

Wer kennt ihn nicht – Helmut Schmidts berühmten Satz „Wer Visionen hat, der soll zum Arzt gehen". Für den Realpolitiker Schmidt mag diese Diagnose richtig gewesen sein – auch wenn er sie später als „pampige Antwort auf eine dusselige Frage"[1] bezeichnet hat, für die Realität in Unternehmen stimmt sie einfach nicht. Wer Visionen hat, sollte vielmehr zur Kommunikationsberatung gehen, um

---

[1]Lorenzo, Giovanni di: „Fragen an Helmut Schmidt", in: *Zeitmagazin* (3/2010) (Vgl.: https://www.zeit.de/2010/10/Fragen-an-Helmut-Schmidt/seite-4).

sie richtig vermitteln zu können. Eine Führungskraft ohne klare Vision beziehungsweise ohne die Fähigkeit, diese Vision lebendig werden lassen zu können, ist zunehmend auf verlorenem Posten. Sinkende Motivation und Leistung bei den Mitarbeitern ist nur eine der offensichtlichen Folgen. Circa jeder fünfte Mitarbeiter hat innerlich gekündigt [5] – dafür mitverantwortlich sind Führungskräfte, denen es nicht gelingt, ihre Mitarbeiter mitzunehmen. Angefangen beim freien Vortrag, einer Präsentation oder in einem einfachen Tweet – Führungskräfte müssen wissen, wie sie ihre Inhalte glaubwürdig und überzeugend kommunizieren können. Diese Fähigkeit wird auch deswegen immer wichtiger, weil sich die Arbeitswelt selbst durch die Digitalisierung grundlegend verändert. Hybride Teams, Remote Working und abteilungsübergreifende Arbeit werden immer wichtiger. Hinzu kommt die völlig veränderte Anspruchshaltung der nachkommenden Generationen. Für welche Werte steht das Unternehmen, für das ich arbeite? Welche Rolle spielen Nachhaltigkeit und Umweltschutz? Wo will mein Unternehmen in 10, 15 oder 20 Jahren sein? Für Führungskräfte bedeutet das, dass sie sich verstärkt um ihre Sichtbarkeit kümmern müssen, weil die Arbeitswelt immer fragmentarischer wird. Darum ist es wichtig, in Netzwerk-Strukturen zu denken. Das wichtigste Netzwerk für Führungskräfte ist dabei das eigene Team.

Wer andere mitnehmen und begeistern will, muss allen voran alle Regeln der Kunst der Rhetorik beherrschen. Denn gute Ideen zu haben, reicht aber leider oft nicht aus, um auch langfristig wirtschaftlich erfolgreich zu sein. Besonders GründerInnen, CEOs oder GeschäftsführerInnen von Unternehmen müssen gerade in einer Welt, in der wir viele der geschäftlichen Beziehungen online pflegen und einen großen Teil unserer Kommunikation über digitale Kanäle abläuft, wissen, wie sie ihre Ideen präsentieren, Themen setzen und Menschen begeistern. Vor vielen Jahren war ich zu einer Firmenfeier eingeladen. Als alle geladenen Gäste versammelt waren, trat der Chef ans Rednerpult, bat um Aufmerksamkeit, holte seine Notizen vor und begann seinen Vortrag. Die Zeilen fest im Blick las er Wort für Wort vor: „Meine sehr verehrten Damen und Herren, ich möchte Sie zunächst alle herzlich begrüßen…" An dieser Stelle stiegen mehr als die Hälfte der Zuhörer bereits wieder aus und auch ich kann bis heute nicht sagen, was der folgende Inhalt dieser Rede war.

Die Macht des Storytelling und warum Leadership ohne Storytelling nicht mehr funktionieren kann

Neben einer gewissen Eloquenz und Rhetorik-Fähigkeiten ist Storytelling *das* Vehikel für Inhalte, Themen und Ideen. Das konnte ich insbesondere während meiner Reise durch die USA beobachten. Wir diskutierten viel, hörten viel zu und trafen viele andere erfolgreiche Gründerinnen. Bei zahlreichen Gelegenheiten wurde mir bewusst, wie wichtig Storytelling ist. Das lag sicher auch an dem Umstand, dass wir gezielt mit Menschen sprachen, deren Ideen die Welt veränderten. Aber erfolgreiche UnternehmerInnen gibt es auch in Deutschland. Deren Erfolgsgeschichten sind jedoch sehr viel weniger bekannt. Woran liegt das? Nach

meiner Reise wurde mir klar, dass Storytelling eine erlern-
bare Fähigkeit ist. Freie Vorträge zu halten oder kleine
Anekdoten pointiert zu erzählen, gehört beispielsweise in
den USA viel eher zum Standardrepertoire als bei uns in
Deutschland.

Die Macht des Storytelling ist ein Garant dafür, dass
wir von den Menschen in unseren Netzwerken gehört
werden. Sie ist auch ein Garant dafür, dass wir neue
Menschen treffen und von unseren Vorhaben begeistern.
Geschichten sind das perfekte Vehikel, um deine Ideen
zu kommunizieren und bieten einen Anlass, um dich mit
deinem Netzwerk auszutauschen. Ich halte Storytelling
darum für eines der zentralen Leadership-Themen, das
jedoch viel zu häufig vernachlässigt wird. Wer begeistert
und unterhaltsam von sich und seinen Ideen erzählen
kann, kann auch andere Menschen begeistern. Ob auf der
Bühne, im „echten Leben" oder in der digitalen Welt – es
ist wichtig, seine Geschichte erzählen zu können. Davon
hängt ab, ob wir sichtbar werden und wie uns unser
gegenüber wahrnimmt. Dazu gehört auch ein Stück weit
Mut, sein Gesicht zu zeigen. Ohne Storytelling-Skills
können Menschen an der Spitze von Unternehmen kaum
ihre notwendige Vorbildfunktion einnehmen. Gerade
diese Fähigkeit ist aber wichtig, um das eigene Team mitzunehmen und andere Menschen zu begeistern. Nur so
gelingt es, die Welt zu verändern und zu einem besseren
Ort zu machen.

Challenge Nummer 6: Werde kreativ!

Wir haben die folgende Doppelseite für dich leer gelassen. Dieser Raum gehört dir ganz allein, deiner Kreativität und deinen Visionen. Nimm dir also einen Stift und entwirf auf deine Vision von der Zukunft. Wenn du möchtest, kannst du Bullet-Points machen, es kann aber auch eine Zeichnung oder eine Visualisierung einer Idee sein, auch ein kurzer oder längerer Text eignet sich hervorragend, um deine Ideen zu Papier zu bringen. Wenn du fertig bist, mache ein Foto von deinem Werk, teile deine Vision mit deinem Netzwerk und diskutiere sie mit deinen Mitarbeitern, Kollegen und Kontakten.

Werde kreativ!

Literatur

1. Casciaro T, Gino F, Kouchaki M (2014) The contaminating effects of building instrumental ties: how networking can make us feel dirty. Adm Sci q 59: 705–735 (sage, New York)
2. Ibarra H (2003) Working identity: unconventional strategy for reinventing your career. Harvard Business School Publishing, Boston
3. McLuhan M (1967) The medium is the message. An inventory of effects. Random House, New York
4. O. A. (2017) Interim Management Report 2017. https://www.vgsd.de/wp-content/uploads/2017/04/EO-Interim-Management-Report-2017.pdf
5. O. A. (2016) Gallup Engagement Index 2016. http://www.gallup.de/183104/engagement-index-deutschland.aspx

6

Netzwerktypen, wie ihr sie erkennt und was man von ihnen lernen kann

Netzwerktypen und wie ihr sie erkennt – eine Gebrauchsanleitung

Meine Kandidatur in Karlsruhe anlässlich der Landtagswahl Baden-Württemberg 2006 führte mich auf alle denkbaren Veranstaltungen: angefangen von Neujahresempfängen über Foren und Faschingsumzügen bis hin zu Schlachtfesten (ja, wirklich!). Ich habe *alles* mitgemacht. Mein Wahlkreis, Karlsruhe II, umfasste 11 Stadtteile, 98.614 Wahlberechtigte und damit 98.614 Meinungen, von denen zumindest ein Großteil in (damals noch) gelbe Farbe getunkt werden sollte. Also gab ich mein Bestes und war einfach überall. Auch da, wo keiner war. Irgendwann stellte ich fest: auf den Veranstaltungen kamen immer dieselben Typen zusammen. Sie sahen ähnlich aus, tranken und aßen oft dasselbe und

© Springer Fachmedien Wiesbaden GmbH, ein Teil von Springer Nature 2019
T. Onaran, *Die Netzwerkbibel,*
https://doi.org/10.1007/978-3-658-23735-6_6

waren vom selben Schlag. Ich war mitten drin in „Täglich grüßt das Murmeltier".

Jahre später in Berlin, begegnete mir dieses Szenario wieder. Ich arbeitete für Guido Westerwelle und danach im Bundespräsidialamt – sprich: ich war wieder auf vielen, vielen Veranstaltungen unterwegs. Auch hier – Murmeltier-Feeling. Meine Erkenntnis: Es gibt nicht mehr als 4 oder vielleicht 5 Netzwerktypen, die sich auf jeder Veranstaltung tummeln. Höchste Zeit also für eine kleine Typologie. (Darauf hast du doch gewartet, gib es zu.) Und damit es nicht einfach bei einer Aufzählung oder Kategorisierung bleibt, lege ich noch jeweils einen drauf. Von jedem Netzwerktyp kann man nämlich etwas lernen. Ganz am Ende möchte ich darum noch eine Art Synthese wagen und eine fünfte Kategorie von Netzwerktyp einführen, den ich zwischen „Normalo" und „Generalisten" ansiedeln würde.

Der Alles-Könner

Den Alles-Könner traf ich zum ersten Mal vor vielen Jahren im Aufzug auf dem Weg zu einer Podiumsdiskussion. Unsere Begegnung begann mit ein wenig Smalltalk über seinen Rucksack-Urlaub. Noch bevor wir ausstiegen war schnell klar: Der Alles-Könner kann einfach alles. Er hatte gerade einen Asien-Trip hinter sich gebracht und war nun wieder im Job als Pressesprecher angekommen. Während er sich galant durch die Menschenmenge schlängelte und bereits die Großwetterlage im Saal checkte, kämpfte ich mit den Gesetzmäßigkeiten meiner winterlichen Bekleidung:

Mütze, Handschuhe, Jacke, Schal – allesamt schienen mit meinem Körper verwachsen zu sein und ich hatte die größte Mühe mich von ihnen zu befreien. Ich schaffte es gerade meine Jacke auszuziehen, da war er wieder, der George Clooney unter den Netzwerktypen. Getränke mit einer Hand balancierend, damit die andere meine Winter-Tools und meinen Koffer, sprich: meine Handtasche, abnehmen konnte. Ehe ich mich versah, war alles in der naheliegenden Garderobe verschwunden. Was dann folgte, ließ mich an meinen kognitiven Fähigkeiten zweifeln. Der Alles-Könner kannte nicht nur faktisch alle Anwesenden, er wusste auch an welchem Punkt sich das Gegenüber gerade befand. „Das ist Herr Krause, Leiter der Kommunikation beim größten Mittelständler der Gegend. Herr Krause arbeitet mit seinem Team gerade an einer neuen Kommunikationsstrategie und wenn er das nicht macht, geht er klettern. Wie geht's Ihrem Sohn – war die Praktikumssuche erfolgreich?" fragt Mr. Perfect im Vorbeigehen. Bevor Herr Krause jedoch antworten kann, gesellt sich eine junge Dame hinzu. „Katja – wie läuft es mit Deiner Agentur? Habt ihr jetzt jemanden für die Assistenz-Stelle gefunden? Und was machen die Wettkampfvorbereitungen? Katja ist Hockey-Spielerin und weltbeste Sushi-Testerin." In der nächsten halben Stunde lernte ich auf diese Weise noch Stefan, Ingo, Michaela, Karl, Constanze, das Ehepaar Zimmermann sowie viele weitere Menschen und ihre Lebensgeschichten im Schnelldurchlauf kennen.

Ok, dachte ich. Beim Asien-Trip im Backpacker-Style bin ich grundsätzlich raus, bei der Kombination Namen und Gesichter scheiterte ich regelmäßig an einem von beidem und die Einbettung in Gesamtzusammenhänge überließ ich auch lieber anderen. In Relation zum Alles-Könner erscheint mein eigenes Leben wie das personifizierte Scheitern. Und dennoch: ein paar Dinge können wir vom Alles-Könner lernen – und ein paar guten Gewissens ihm überlassen. Fangen wir mit Letzterem an.

Was wir getrost nicht können müssen:

Perfektion. Klar ist es nice, unfassbar schlau zu sein, dabei noch gut auszusehen und dann auch noch erfolgreich im Job zu sein. Aber unserem Gegenüber ist es in erster Linie herzlich gleich, ob alle diese Merkmale erfüllt sind oder man doch nur All-inclusive-Urlaub auf Gran Canaria macht. Ganz ehrlich? Perfektion ist so 90er. Heute darf der Look ruhig an der Grenze zur Verwahrlosung sein – #shabbychic – und Under-Performer sind die neuen wahren Helden. Also: einfach mal tief durch die Hose atmen.

Woran es sich lohnt zu arbeiten:

An dem Gesamtzusammenhang. Nichts ist beeindruckender als Aufmerksamkeit und die Fähigkeit, sein Gegenüber abholen zu können. Zu wissen, wer die Person ist, mit der man sich gerade unterhält, was sie gerade macht und woher man sie kennt, ist der erste Step des Networking-Einmaleins. Die Königsdisziplin ist das große Ganze – wie in anderen Lebensbereichen auch. Dafür gibt es einfache aber wirksame Hilfsmittel, wie beispielsweise die gute alte analoge Visitenkarte. Beim Thema Visitenkarten gibt es allerdings etwas zu beachten – du solltest sowohl bei der Gestaltung als auch beim Umgang damit mit Bedacht vorgehen. Wenn du genauer wissen willst, was ich damit meine, solltest du auf jeden Fall Kap. 10 zum „Visitenkartenroulette" anschauen. Aber fürs Erste sei gesagt: Visitenkarten sind nicht nur ein unglaublich gutes Erinnerungsstück, wenn es darum geht, wo die erste Begegnung mit der Person war, sondern hilft auch das Analoge ins Digitale zu übertragen und den Kontakt über eine der einschlägigen Plattformen wie Xing, LinkedIn und Co zu „adden". So bleibt man immer up to date was die Neuigkeiten rund um die Person betrifft.

Der Entertainer

Der zweite Typus, der mir im Laufe meiner Netzwerk-Karriere begegnet ist, ist der Entertainer. Schon auf dem Weg zur Veranstaltungslokalität unterhält der Entertainer „sein" Publikum. Ob es die persönliche Anekdote ist, ein flotter Spruch über das anstehende Event oder die Einladungskarte. Irgendwas gibt es immer zu kommentieren. Der Entertainer ist der Jan Böhmermann oder die Barbara Schöneberger des Events. Lustig ist es in jedem Fall immer und schön selbstironisch auch. An seinem Stehtisch gibt es kaum noch Platz und das eigentliche Event spielt sich dort ab. Bei der offenen Fragerunde ist der Entertainer der Erste, der vom Moderator aufgefordert wird Fragen zu stellen. Das tut der Entertainer auch, statt eine Frage zu stellen, kommentiert er aber lieber. Den Entertainer umgibt immer dieses Leichte – ausgestattet mit dem Schlagfertigkeitsgen, steckt er uns alle ziemlich locker in die Tasche. Immer an der Grenze zum „too much", schafft er die Kurve und überzeugt durch intelligenten Humor. Und durch die spezielle Brise Selbstironie. So auch Matthias, den ich das erste Mal auf einer – zugegebenermaßen – ziemlich staubtrockenen Veranstaltung in Darmstadt traf. Matthias war im echten Leben Arzt. Eine Art Eckart von Hirschhausen to go. Unterwegs katapultierte er sich regelmäßig in den Olymp des Humors. Würde es einen Comedy-Preis für Networking-Events geben: er besäße schon längst drei. Es war schon sehr unterhaltsam mit ihm die Treppen zur Veranstaltungssaal zu nehmen. Jede Stufe bekam einen Namen und im Saal angekommen hatte ich zu jedem denkbaren Namen eine Treppen-Assoziation. Innerhalb weniger Minuten schaffte es Matthias, eine Menschentraube um sich herum zu versammeln und so zu unterhalten, dass das Podium auf der Bühne Schwierigkeiten hatte, dagegen anzukommen. Kurzum handelte der Moderator und bat Matthias mit auf die Bühne, der sofort die Chance nutzte und aus dem Ganzen die Matthias-Live-Show machte. Das Publikum jubelte und grölte – Matthias hatte eine Metamorphose par excellence geschaffen: aus den spaßbefreiten, im Schnitt eher älteren Herrschaften war eine jauchzende und begeistere Groupie-Truppe geworden, deren Stimmen vom Lachen und Jubeln heiser wurden. Als Matthias zurückkam, sagte er nur: „Und? Wie war ich?"

Was wir getrost nicht können müssen:

Nicht jeder muss so schlagfertig sein wie der Entertainer. Nicht jeder ist dazu geboren, um die Massen zu unterhalten. Wir kennen doch alle die Situation: Da wird einem ein Spruch nach dem anderen an den Kopf geknallt und die wirklich schlagfertige Antwort fällt einem exakt 10 min nach dieser Situation ein. Viele vergessen, dass nichts zu sagen auch schlagfertig sein kann. Insofern: No worries, wenn einem mal wieder die Spucke wegbleibt, entscheidend ist die Face-to-Face-Ebene. Der Entertainer wird sich ohnehin unter Garantie um alle Situationen kümmern, in denen niemand etwas sagt.

Woran es sich lohnt zu arbeiten:

Am Humor. Humor ist ein hervorragendes Instrument, um jegliche Situation zu meistern. Ob unangenehme (und die gibt es auf Events zu Hauf) oder gar ziemlich peinliche Momente: Humor ist die Allzweckwaffe schlechthin. Er erleichtert einem ungemein den Umgang mit schwierigen Charakteren und ermöglicht eine gesunde Distanz zum Gegenüber und im Übrigen auch zu sich selbst. Veranstaltungen sind für viele der Ort, an dem sie sich selbst unter Beweis stellen müssen – dabei übersehen sie aber, dass Events auch dazu da sind, entspannt und mit Freude an die Sache ranzugehen. Der Entertainer hat das verstanden. Er bleibt allen im Gedächtnis, ohne dass er in einem zweistündigen Vortrag vorgeführt hat, dass er es richtig auf dem Kasten hat.

Der #Onliner

Der Onliner ist eine digitale Symbiose aus dem Alles-Könner und dem Entertainer. Offline Events sind eigentlich nicht wirklich sein Ding. Aber manche Events gehören nun mal zum guten Ton. Da fasst sich der Onliner ein Herz und schaut vorbei – ausgerüstet mit Smartphone und allen Apps, die es zum Sharen, Liken, Retweeten und Favorisieren braucht. Während des Events übernimmt er die Kommentatoren-Rolle, ohne Box, dafür mit Hashtags und wenn es noch keinen speziellen für das Event gibt, entwirft er dafür kurzerhand einen. Er ist der Wortgeber im Netz und vernetzt sich schnell mit allen Event-Teilnehmern, wenn er nicht sowieso schon mit ihnen verbunden ist. Der Onliner wird zum Agenda-Setter des Events und kann dieses in die (digitale) Geschichte eingehen lassen. Im Idealfall positiv! Meine Onlinerin traf ich, als ich selbst auf einem Podium saß. Katja stellt sich mir – wie soll es auch anders sein – online vor. Sie schrieb mir über LinkedIn ob ich Lust auf einen Kaffee hätte, weil sie gesehen hatte, dass ich auf dem Podium sitzen würde. So saßen wir dann im Food-Bereich des Events zusammen und unterhielten uns über unsere Lebenswege, über Skurriles aus der Online-Welt und über ihre Affinität zum Netz. Sie erzählte mir, dass im Grunde die Digitalisierung ihre berufliche Rettung gewesen sei. Bevor sie sich als Grafikerin selbstständig gemacht hatte, leitete sie bei Konzernen die Grafikabteilungen und wurde lediglich intern mit ihrem Können und Wissen wahrgenommen. Aus einer Laune heraus rief sie ihren Blog ins Leben und legte sich im Zuge dessen auch Profile auf allen digitalen Kanälen an. Mit der Zeit baute sie sich ein digitales Netzwerk auf, welches sie stark unterstützte, als sie den Sprung in die Selbstständigkeit wagte. Katja ist übrigens die Inspiration für mich gewesen, meine Profile auf den Kanälen nicht nur anzulegen, sondern auch so gut es geht zu pflegen.

Was wir getrost nicht können müssen:

Auf *allen* digitalen Kanälen präsent zu sein. Jeder Kanal hat seine Eigenheiten und nicht jede Zielgruppe ist auch auf allen Kanälen gleichermaßen zu finden. Habe ich ein Netzwerk, das sich eher im journalistischen Umfeld bewegt, ist Twitter unumgänglich. Geht es mir mehr darum, meine Kunst oder Foto-Impressionen von Reisen mit meinem Netzwerk zu teilen, ist Instagram der passendere Raum. Will ich meine digitalen Adressbücher finden, bin ich bei LinkedIn oder Xing an der richtigen Adresse. Mit den Kanälen verhält es sich wie beim Flirten: man muss mal alles ausprobiert haben, aber sich schließlich doch aufs Wesentliche konzentrieren.

Woran es sich lohnt zu arbeiten:

Die eigenen Eindrücke und Inhalte zu teilen. Ob es der Besuch von Veranstaltungen ist, das eigene Sprechen auf Podiumsdiskussionen oder gute Statements von Experten: die Community hat oftmals ein Interesse daran teilzuhaben. Nicht jeder schafft es, selbst zu den interessanten Veranstaltungen zu gehen und freut sich dann über einen kompakten Einblick aus erster Hand. Hierfür eignen sich die digitalen Kanäle hervorragend. Wenn nicht dort, wo hat man sonst die Chance ungefiltert seine Meinung, Position oder Erlebtes zu teilen und in Austausch mit anderen zu kommen? In der Regel werden solche Veranstaltungen nicht intensiv von der Presse begleitet, oder es gibt wenig Raum, um in Tageszeitungen oder Online-Portalen darüber zu berichten – schließlich entstehen sich hier nicht um die wichtigen Nachrichten des Tages. Der Onliner verschafft aber einer interessierten Community den Zugang zu extrem spannenden Themen und Fragestellungen, die sonst im Rauschen untergehen würden.

Der Gernegroß

Kontakte, Kontakte, Kontakte – so lautet das Credo des Gernegroß. Aber nicht irgendwelche Kontakte, sondern die Crème de la Crème. Er ist auf allen Veranstaltungen präsent und er kennt sie alle. Mit dem Keynote-Speaker des Events war er letztens erst Laufen – was selbstverständlich „hammergut" war. Und wenn er jemanden nicht kennt, dann kennt er zumindest jemanden, der den kennt. Scheinbar. Steht man neben dem Gernegroß wird schnell klar, dass er den Leuten, die er angeblich kennt, erst mal auf die Sprünge helfen muss, woher man sich eigentlich kennt. Der Gernegroß will eben gerne mitspielen, darf es aber aus ihm unerklärlichen Gründen einfach nicht. Das stört ihn aber auch gar nicht, denn am nächsten Tag postet er auf Xing, dass er die 1000er Marke geknackt hat. 1000 Kontakte, 1000 „gute Freunde", 1000 potenzielle Geschäftspartner, 1000 Leads. Denkt er zumindest.

Eigentlich möchte man dem Gernegroß die Illusion des Großen lassen. Wüsste er, dass das Große in Wahrheit ganz klein ist, wäre er wohl am Boden zerstört. So hört man lieber Geschichten von Abenden mit den wichtigsten Geschäftsführern und Politikern, wird darüber aufgeklärt, dass das eigene Netzwerk ein müdes Gähnen auslöst und man damit auf dem völlig falschen Dampfer unterwegs ist. Das Kennenlernen mit meinem Lieblings-Gernegroß ist schon eine ganze Weile her, hat sich aber erfolgreich in mein Gedächtnis eingebrannt. Als ich ihn das erste Mal sah, musste ich automatisch an Bayern, die CSU und eine Maß Bier denken. Gustav, Typ Karl Theodor Maria Nikolaus Johann Jacob Philipp Franz Joseph Sylvester Buhl-Freiherr von und zu Guttenberg für Arme, musterte mich mit dem Blick eines strengen, aber spöttischen Lehrers. Ich fühle mich direkt in die Schulzeit zurückversetzt, als meine Französisch-Lehrerin den halben Unterricht damit zubrachte uns, „den Vorlauten", verachtende Blicke zuzuwerfen. „Und woher kommst du?", fragte mich also Gustav, der kleine Gernegroß. „Direkt von zu Hause, habe es gerade so geschafft!". „Nein, ich meinte: woher du *kommst?* Du weißt schon: Herkunft und so!", rief er energisch. „Ach so, ich bin in Karlsruhe geboren, aber meine Eltern kommen aus der Türkei." „So was dachte ich mir schon. Na ja, aber immerhin bildest du dich weiter – das nenne ich gut integriert!" sagte er mir auf die Schulter klopfend. Nach diesem, zumindest für ihn erhellenden Dialog, ging er in einen Monolog über und es folgte eine Aufzählung aller Erfolge, die alle nur auf seinem bombastisch guten und natürlich prominenten Netzwerk beruhen, das sich natürlich auch auf die gute und freundschaftliche Beziehung mit dem Veranstalter ausstreckt. Sein Monolog wurde nur deshalb unterbrochen, weil einer der Veranstalter auf uns zu kam, mich begrüßte und mich fragte: „Willst du mir deinen Begleiter nicht vorstellen, liebe Tijen?"

Was wir getrost nicht können müssen:

So tun als ob. Über den Hans-Dampf in den Gassen wird in seiner Abwesenheit ohnehin nur gern der Kopf geschüttelt, selbst wenn er hin und wieder einen Kontakt vermitteln kann. Die „Wer-kennt-wen"-Geschichten sind auf Dauer so langweilig wie die schönsten Bahnstrecken Deutschlands im Nachprogramm zwischen 4 und 5 Uhr. Wer gut vernetzt ist, aber letztlich kein eigenes Thema hat, um das es ihm geht, betreibt letztlich Zeitverschwendung und kann seinem Tun nur Bedeutung verleihen, in dem er sich die Lorbeeren anderer anheftet, indem er sich als deren bester Buddy ausgibt. Und wenn dann noch klar wird, dass der super Buddy am Ende doch nur der Typ von morgens an der Haltestelle ist, kann es leicht unangenehm werden. Deshalb: Gerne auch einfach mal eine Nummer kleiner!

Woran es sich lohnt zu arbeiten:

So tun als ob. Richtig gelesen. Denn *manchmal* ist Selbstüberschätzung ein probates Mittel, um Herausforderungen zu meistern. Beispielsweise beim Zugehen auf andere Menschen oder der Kontaktaufnahme mit denjenigen, die viel weiter oder erfolgreicher scheinen als man selbst. Wer öfter mal seine Bedenken über Bord schmeißt und sich selbst nicht zu ernst und wichtig nimmt, wird viel eher spannenden Persönlichkeiten begegnen. Fazit: Selbstüberschätzung als Taktik, nicht als Strategie.

Die „Normalos" oder „Generalisten".

Ausnahmen bestätigen wie immer die Regel und keine Typologie kommt ohne sie aus. Das Leben lässt sich eben nicht einfach (und schon gar nicht in vier) Schubladen quetschen. Darum geht es mit den „Normalos" zum Schluss noch die Bonus-Runde. Hier dürfen sich getrost alle einsortieren, die sonst nirgendwo dazu gepasst haben. Für mich geht es hier aber noch mehr. Ich finde, dass Generalisten, die von allem ein bisschen können, eine Art neues Ideal sind. Sie können von allem gerade genug, um überall qualifiziert mitreden zu können, und haben dazu die Fähigkeit, sich in Themen tiefer einzuarbeiten, wenn es nötig ist. Gerade bei Events oder für Kaffeepausen reicht es in der Regel aus, ein grundlegendes Verständnis von fast allem zu haben. Wenn sich mal mehr aus einem Kontakt entwickeln sollte, bleibt immer noch genügend Zeit, um sich noch einzuarbeiten. Hier zahlt es sich aus, wenn man die Lektionen, die sich von den 4 Netzwerktypen lernen lassen, bereits verinnerlicht hat. Zwar bringt es nichts, vorzugeben man sei ein Experte in Künstlicher Intelligenz, hat aber nur ein Buch über die Grundlagen und die Geschichte des Programmierens zu Hause im Regal stehen. Aber jemand mit einer neuen Geschäftsidee in diesem Bereich muss nicht gleich Watson zuhause haben.

Was wir getrost nicht können müssen:

Den Status quo erhalten. Wer von allem ein bisschen kann, hat zu wenig, um sich darauf auszuruhen. Generalisten bringen zwar die besten Ausgangsvoraussetzungen mit, müssen aber etwas aus sich machen. Bei Netzwerken besteht die Gefahr für Generalisten, unterzugehen. Neben dem Entertainer und dem Alleskönner sehen Generalisten in vielen Situationen etwas blass aus und sind vielleicht sogar zu schüchtern oder manchmal auch zu introvertiert, um direkt in ein Gespräch mit einzusteigen. Dass sich daran was machen lässt, erfährst du in Kap. 12.

Woran es sich sonst noch lohnt zu arbeiten:

Disziplin. Vieles von dem, was Generalisten erreichen können, hängt mit harter Arbeit und Disziplin zusammen. Das habe ich selbst, unmittelbar nachdem ich Silvana Koch-Mehrin gearbeitet habe, miterleben dürfen. Damals habe ich für Guido Westerwelle die Social-Media-Kanäle betreut. Dabei konnte ich etwas lernen, was ich in dieser Form so noch nicht erlebt hatte. Was vielen Beobachtern von außen vielleicht nicht so klar war: Guido war unfassbar diszipliniert. Und zwar jeden Tag, ohne Ausnahme. Er hat immer funktioniert, war immer zu allen freundlich, egal, ob er gerade einen guten oder schlechten Tag hatte. Das zeigte sich vor allem, wenn es ums Netzwerken und die Pflege von Kontakten ging. Er war nicht nur allen gegenüber gleich freundlich, sondern wusste immer alle Namen, konnte jeden sofort richtig einordnen und begegnete allen Menschen gleichermaßen ernst und aufrichtig. Das hat mich immer sehr inspiriert und bis heute geprägt.

7

Treffen sich zwei Männer an der Bar – Networking und Diversität

Ein Update ist dringend notwendig

Als ich mit 20 Jahren für den baden-württembergischen Landtag kandidierte, konnte ich nicht auf eine 20jährige Parteierfahrung zurückgreifen, die viele meiner KollegInnen in der Partei hatten. Das hatte ganz sicher Nachteile, aber auch Vorteile. Ich bin mir sicher, dass ich gerade deswegen andere, neue und vor allem auch jüngere Wählerinnen und Wähler erreichen konnte. Da ich mich nicht auf alte Seilschaften verlassen konnte, suchte ich einfach neue Wege. Viele davon waren jedoch steinige Wege: Ja, es gibt sie, diese Alt-Herren-Zirkel in der Politik, die auf jahrelange Karrieren in Orts-, Kreis- oder Landesverbänden zurückblicken können. Sie haben lange gewartet und lange darauf hingearbeitet, wo sie heute stehen. Jetzt sind sie dran.

© Springer Fachmedien Wiesbaden GmbH, ein Teil von Springer Nature 2019
T. Onaran, *Die Netzwerkbibel*,
https://doi.org/10.1007/978-3-658-23735-6_7

Dann gibt es die Absprachen vor Parteitagen wer wann wie gewählt wird und jede Abweichung wird kritisch beäugt und mit Ablehnung quittiert. Und genau diese Kreise brauchen dringend eine Erfrischungskur, besser gesagt: ein Update.

Seit ich den Sprung aus der Politik in die Wirtschaft gemacht habe, muss ich eindeutig sagen, dass die Ausgangslage nicht überall dieselbe ist. In der Politik scheint es nach wie vor eher darum zu gehen, Politik-Mikado zu spielen. Also ganz nach dem Motto: Wer sich zuerst bewegt, hat verloren. Im Unternehmensumfeld werden im Gegensatz dazu derzeit die Strukturen hinter-fragt, reflektiert, neu definiert und ausprobiert. Stellen wir uns also einmal vor, es gäbe die New-Work-Bewegung in der Politik und eine neue Generation würde auf einmal auch dort hin wollen. Das hieße, dass wir ein Aufbrechen von Hierarchien, mehr Diversität und Freiräume zur Entfaltung sehen würden. Vielleicht gäbe es so weni-ger Parteienverdrossenheit. Wir würden nicht nur immer wieder hören, dass es um die wichtigen Fragen geht, wie das Leben in Deutschland in 20 oder 30 Jahren aus-sehen soll und wie wir mit den Herausforderungen der Digitalisierung umgehen, während wir gleichzeitig nur im Krisen-Verwaltungsmodus verbleiben würden. Anstatt in starren Hierarchien Ideen von oben nach unten weiter-zureichen, können sie jenseits von Hierarchien entstehen, diskutiert und umgesetzt werden. Vielleicht würden wir dann auch wieder mehr Vertreter der Generation Empowerment im politischen Umfeld sehen. Denn enga-gierte junge Menschen gibt es in den Parteien durchaus – ob in den jeweiligen Jugendorganisationen oder deren

„Mutterparteien". Doch irgendwie scheint es, als würden all jene, die wirklich etwas verändern und anpacken wollen, den Weg an die Spitze nicht schaffen. Zu stark sind die Parteien noch nach dem Top-down-Prinzip organisiert. Anders gesagt: Auf dem Weg an die Spitze gibt es an einem gewissen Punkt die Ausfahrt „Politikerschule", die alle nehmen müssen, die nach oben wollen. Die jugendliche Naivität, der Freigeist und die Möglichkeit, einfach mal sagen zu können, was man denkt, nicht was man denken sollte, scheinen auf der Strecke zu bleiben. Manchmal ist das ziemlich zum Verzweifeln.

Der Unterschied macht den Unterschied: Diversität bringt Vorteile

Ein Ansatzpunkt, um eine Veränderung hervorzurufen, ist Diversity. Und um es vorweg zu sagen: Viele Unternehmen haben das längst verstanden. Denn wenn es gelingt, in Organisationen ganz gleich welcher Art – angefangen bei den Parteien bis hin zu Unternehmen – die Vielfalt zu erhöhen, werden sich die alten, starren Strukturen beginnen zu lockern, aufzulösen und zu transformieren. Diversity meint dabei nicht nur, dass Frauen zu gleichen Anteilen auf allen Ebenen vertreten sein sollten. Diversity bedeutet vielmehr, dass es Unterschiede aller Art geben darf. Frauen sollen ebenso wie Männer oder Menschen mit ganz anderem Geschlecht da sein, Menschen hohen Alters genauso wie junge Menschen, Menschen mit der einen Meinung und solche mit einer anderen Meinung,

Menschen mit Behinderung und Menschen ohne, Menschen aus anderen Kulturen und Menschen, die hier geboren wurden – diese Reihe lässt sich beliebig erweitern. Dass Vielfalt nicht nur einen wesentlichen Unterschied machen kann, sondern sich tatsächlich immer zum Vorteil einer Organisation auswirkt, belegt inzwischen sogar die Forschung. Der Psychologe und Neurophysiologe Peter Kruse beschäftigte sich beispielsweise intensiv mit „intelligenten Netzwerken". Seine Leitfrage war, wie es gelingen kann, die komplexen Herausforderungen, vor der wir heute angesichts der ökonomischer Krisen, der Globalisierung, ökologischer Krisen und der Digitalisierung stehen, lösen können. Dabei kam er kam zu dem Schluss, dass „harmonische Systeme (wie Teams oder Netzwerke) dumme Systeme" sind. [1] Er sah darum die Lösung darin, in diesen Systemen Unterschiedlichkeiten zu schaffen. Diversität erhöht die Spannung in den Systemen und macht sie intelligenter.

Anders gesagt heißt das: Wir leben in einer komplexen, vernetzten Welt – wer innovative Lösungen für die damit verknüpften Herausforderungen sucht, sollte nicht auf homogene Teams zu deren Lösung setzen. Eine Gruppe aus 10 BiologInnen wird zu ähnlichen Ergebnissen kommen wie eine Gruppe, die aus 100 BiologInnen besteht. Nimmt man aber ProgrammiererInnen, KlimaforscherInnen, EthnologInnen, PolitikwissenschaftlerInnen, UnternehmerInnen, PolitikerInnen, KünstlerInnen und so weiter mit in das Netzwerk hinzu, werden sie anfangen, unterschiedliche Perspektiven und unterschiedliche Lösungsansätze einzubringen. Konstellationen wie diese untersucht auch Michael Stuber, einer der führenden Diversity-Management-Experten.

Er erforschte dieses Prinzip wissenschaftlich und sagt: „Es ist die Vielfalt der Perspektiven, die zu besseren Lösungen und zu cleveren Produkten führt." [2] Dem zur Seite stellen kann man mehrere Studien, die die positive Wirkung von Vielfalt in Unternehmen nachgewiesen haben. [3, 4] Diversität in Teams hat demnach zur Folge, dass es ein härteres Ringen um Konsens gibt. Das ist aber kein Nachteil, weil Entscheidungsprozesse etwa länger dauern, sondern ein großer Vorteil. Denn letzten Endes führt gerade dieses Ringen zu besseren, kreativeren und innovativeren Ideen und besseren Ergebnissen. Menschen mit unterschiedlichem Background bringen neue Informationen in Teams ein, was die Kreativität anregt und innovative Lösungen hervorbringt. Wie werden Organisationen, Teams oder Netzwerke also diverser? Mit dieser Frage kommen wir von der Zukunft zurück in die Jetztzeit und zu der Frage:

Wer kann besser netzwerken: Männer oder Frauen?

Da ist sie: die Frage aller Fragen. Wer ist denn nun wirklich besser im Netzwerken? Männer oder Frauen? Diese Frage landet eindeutig unter den Top 3 der häufigsten Fragen, die mir immer wieder gestellt werden. Ich muss zugeben, dass ich mit dieser Frage ein grundsätzliches Problem habe. Ganz gleich, wie man sie beantwortet – Frauen verlieren eigentlich immer. Ganz genau genommen verlieren sogar beide Seiten. Allein die Unterstellung, dass

50 % der Menschheit genau auf die eine Weise und die anderen 50 % exakt auf die andere Weise ans Netzwerken herangeht oder es schlechter macht, kann nicht zu einer richtigen Antwort führen. Was ergeben so pauschale Aussagen wie „Männer sind einfach dominanter" oder „Frauen sind introvertierter" wirklich für einen Sinn? Viel spannender finde ich es anzuschauen, wie wir sozialisiert sind. Wenn wir uns hier Zusammenhänge zu der Art des Netzwerkverhaltens anschauen, würden wir sehr viel schlüssigere Antworten bekommen. Diese Frage wird nur in der Regel nicht gestellt.

Wenn ich Antworten wie diese gebe, folgt in der Regel die zweithäufigste Frage meiner Top 3-Liste: Warum habe ich dann zwei reine Frauennetzwerke gegründet? Zum einen hat das einen biografischen Hintergrund. Während meiner Zeit in der Politik hatte ich viele Chefinnen, die sich einerseits immer gegenseitig sehr unterstützten. Von ihnen habe ich gelernt, wie wahnsinnig wichtig Networking für die Karriere ist. Ich habe in dieser positiven Erfahrung für mich einen Auftrag gesehen. Das, was ich mitbekommen habe, möchte ich an andere weitergeben. Da ich diese Erfahrung nun mal mit Frauen gemacht habe, lag es nahe, mein erstes Netzwerk als Frauennetzwerk zu konzipieren. Das eigentlich Interessante ist aber Folgendes: Obwohl die ursprüngliche Idee war, ein Frauennetzwerk zu gründen, kommen inzwischen Kommen auch Männer zu meinen Formaten. Für mich zeigt das eindeutig, dass wir uns in einer Übergangsphase befinden. Es gibt immer mehr Männer, die sich mit den bisherigen Definitionen nicht mehr identifizieren können. Zudem habe ich meine Netzwerke beziehungsweise Veranstaltungsformate nie als explizit exklusiv verstanden. Vielmehr finde ich, dass bestimmte Formen des Austausches zu einer gewissen Zeit passen. Ich bin mir sicher: es kommt bestimmt eine Zeit, in der die Fragen, die für uns heute relevant sind, nicht mehr relevant sein werden. Dann wird es andere Formen von Netzwerken geben, die zu diesen neuen Fragestellungen passen werden.

Dass meine Erfahrung keine singuläre, nur mich persönlich betreffende Erfahrung ist, lässt sich inzwischen durch erste Forschungsarbeiten bestätigen. Laura Sherbin, Vizepräsidentin des Center for Talent Innovation, schreibt im Harvard Business Review über ihre Ergebnisse:

> In our research, we find that successful women invest deeply in peer networks. They're more likely than other STEM women to help peers connect to senior leaders, to risk their own reputations to advocate for the ideas and skills of their peers, and to help them recover their reputations after making a mistake. These are some big risks they take on behalf of their colleagues – demonstrating a deep level of trust that their own reputations won't be damaged as a result [5].

So weit, so gut.

Rolle rückwärts in die Vergangenheit

Dass aber nicht immer alles vorwärts, Richtung Zukunft und Verbesserung gehen muss, wurde mir schlagartig klar, als ich vor kurzem über den Text mit dem Titel „Warum

Netzwerken für Frauen so schwierig ist" gestolpert bin. Der Text stammte allerdings nicht aus der Feder eines Mannes, sondern war explizit aus Frauenperspektive geschrieben. Darin stand also zu lesen, dass Frauen per se schlechter als Männer netzwerken würden. Darum müssten Frauen, die erfolgreich netzwerken wollen, die erfolgreichen Strategien von ihren männlichen Kollegen nachahmen. So einfach und bestechend diese Logik auch ist – das kann ich so einfach nicht stehen lassen. Denn ich könnte kaum unterschiedlicherer Meinung sein. Ich beobachte vielmehr, dass gerade eine neue Generation von Netzwerkerinnen entsteht. Generation heißt für mich in diesem Fall aber nicht, dass es speziell junge Menschen sind, die beispielsweise zur sogenannten Generation Y gehören. Vielmehr heißt es, dass sie dem alten, in die Jahre gekommenen Verständnis von Networking, einen neuen Anstrich verleihen. Die verrauchten Kneipen weichen offenen und transparenten Veranstaltungsformaten. Immer mehr Initiativen, Organisationen, Vereine und Verbände schaffen Räume für die Geschichten und Karrierewege von Frauen. Sichtbarkeit und Empowerment werden zum Leitmotiv einer Generation, die gestalten und prägen will. Das Netzwerk ist Sparringspartner und Talentpool zugleich – all diejenigen Talente, die ich nicht habe, kann ich in meinem Netzwerk finden. Und umgekehrt: all diejenigen Talente, die meinem Gegenüber fehlen, kann ich mit einbringen. Reines Geben und Nehmen weicht dem Bestärken und Motivieren.

Netzwerke leben von Unterschieden

In dem Text heißt es weiter: „Warum funktionieren reine Netzwerktreffen unter Frauen nicht? Weil es keine Gemeinsamkeiten und keine anderen Gesprächsthemen als Karriere und berufliches Fortkommen zwischen den Teilnehmerinnen gibt. Das reicht als abendfüllendes Thema nicht und wird schnell langweilig." [6]. Wenn ich mich auf Veranstaltungen umschaue oder selbst Gastgeberin bin, erlebe ich ein anderes Bild. Eines, das nicht zwanghaft nach Gemeinsamkeiten sucht, sondern eher den Unterschied feiert. Und geht es nicht genau darum? Was habe ich erlebt, was vielleicht andere nicht erlebt haben? Was haben andere für Herausforderungen, Learnings, die ich noch nicht habe und was kann ich darauf für meinen Lebens-, oder Karriereweg mitnehmen? Es geht meines Erachtens beim Netzwerken auch nicht darum, unter allen Umständen nach Themen zu suchen, die abendfüllend sind oder etwas zu „liken" was einem nicht zusagt oder einfach gar nichts sagt. Manchmal reicht ein Austauschen über aktuelle Projekte, Small Talk oder eben das Gespräch über den nächsten Karriere-Schritt. Für mich ist eher relevant, dass die Gespräche, die ich führe, beide Seiten, inspirieren, im besten Fall motivieren und auf neue Ideen bringen.

Digitale Netzwerke: Eisbrecher für alle

Ich glaube auch nicht, dass wie im besagten Artikel beschrieben, WhatsApp das neue Netzwerk-Instrument ist, sondern vielmehr dass Plattformen wie Twitter, Xing oder LinkedIn im beruflichen Kontext der Eisbrecher schlechthin sein können. Mir geht es beispielsweise oft so, dass mir spannende Menschen auf Plattformen begegnen, weil ich über deren Gedanken stolpere und Artikel lese, die mich inspirieren. Ich erhalte einen Eindruck davon, was die Person beschäftigt, womit sie sich befasst und kann zunächst überlegen was für ein Projekt auch einmal gemeinsam gestartet werden könnte. Digital Networking ist für mich das neue Netzwerk-Instrument, unabhängig von Geschlecht oder Herkunft. Und hier wird das ganze Dilemma deutlich. Die Antwort, die ich auf Thesen wie die hier angeführten, wäre natürlich: Frauen können mindestens ebenso gut, wenn nicht sogar besser Netzwerken. Damit ist man schon in der Falle. Ich müsste argumentieren, dass Frauen auf eine bestimmte Weise netzwerken können, *weil* sie Frauen sind. Das stimmt aber auch wieder nicht. Netzwerken basiert auf Fähigkeiten, die wir lernen können, es basiert auf unserer Persönlichkeit, die sich formt und die von unserer Sozialisierung abhängt, es basiert auf Erfahrungen, die wir machen, und darauf, ob wir den Mut haben, unser Gesicht zu zeigen, unsere Geschichten zu erzählen und mit anderen zu teilen. Dann können alle gewinnen, weil wir uns auf Augenhöhe austauschen, uns gegenseitig unterstützen, uns motivieren, bestärken und inspirieren. All das hat nichts damit zu tun, welches Alter und welche Stellung wir haben, welcher Meinung oder welcher Herkunft wir sind oder welchem Geschlecht wir uns zugehörig fühlen

Challenge Nummer 7: Der Selbstversuch
Es ist Zeit für ein Experiment. Stelle dir einen Tag lang vor, die Menschen um dich herum hätten das jeweils andere Geschlecht. Wie reagierst du auf bestimmte Verhaltensweisen? Würdest du einer Frau in der Situation auch auf die Schulter klopfen? Würdest Du bei einem Mann dieselbe Empfehlung aussprechen oder eine bestimmte Anspielung machen wie bei einer Frau? Und wie würdest du das Verhalten deines Gegenübers bewerten, wenn er das jeweils andere Geschlecht hätte? Überprüfe deine Reaktion und deine eigenen Verhaltensweisen. Wie verändert sich deine eigene Bewertung?

Literatur

1. Kruse P (2004) Next Practice. Erfolgreiches Management von Instabilität. GABAL, Offenbach
2. Stuber M (2014) Diversity & Inclusion: Das Potential-Prinzip. Shaker, Maastricht
3. Vopel S (2018) Faktor Vielfalt. Die Rolle kultureller Vielfalt für Innovationen in Deutschland. Bertelsmann Stiftung, Gütersloh
4. Behr R (2015) Diversity Management in Deutschland 2015. o. A. Berlin
5. Sherbin L (2018) 6 things successful women in STEM have in common. HBR 4/2018. https://hbr.org/2018/04/6-things-successful-women-in-stem-have-in-common?-linkId=53571077
6. Papst S (2017) Warum Netzwerken für Frauen so schwierig ist. https://www.welt.de/wirtschaft/bilanz/article171855872/Karriere-Warum-Netzwerken-fuer-Frauen-so-schwierig-ist.html

8

Stammtisch 4.0 – So funktioniert Community-Management im digitalen Zeitalter

Der März 2015 markiert für mich ein besonderes Datum. Damals startete eine Community, die damals Women in Digital oder kurz: WIDI hieß, ein gemeinnütziger Verein für Frauen aus der Digitalbranche war und aus dem heute Global Digital Women wurde. Wie es so oft im Leben ist – hätte mir jemand vor rund drei Jahren gesagt, dass aus dem Kreis der damals anwesenden Frauen einmal eine so starke und lebendige Community werden würde, hätte ich es nicht für möglich gehalten. Aber es wurde möglich und nicht nur das. Die Community lebt, wächst, entwickelt sich weiter und ist so unglaublich kraftvoll, dass ich oft gefragt werde, wie es dazu kam und was das Erfolgsgeheimnis dahinter ist. Wie geht das konkret mit diesem berühmt berüchtigten „Community-Management"? Wie können Unternehmen, aber auch

© Springer Fachmedien Wiesbaden GmbH, ein Teil von Springer Nature 2019
T. Onaran, *Die Netzwerkbibel*,
https://doi.org/10.1007/978-3-658-23735-6_8

Einzelpersonen oder Organisationen Communitys etablieren und wachsen lassen?

Eine Community braucht Gesichter

Community-Management bedeutet in erster Linie Identifikations-Management. Wenn es darum geht eine Gemeinschaft aufzubauen, braucht es neben einer klaren Struktur insbesondere auch Menschen, die die Community gestalten und mit Leben füllen. Der Klassiker unter den ersten Versuchen ist: Am Anfang sind alle begeistert und voller Tatkraft. Sobald es aber darum geht, ein wiederkehrendes Format, ein Netzwerk, eine Reihe zu etablieren, passiert nach dem großen Auftakt erst mal eines: Nichts. Woran liegt das? Entweder sind am Anfang die Strukturen nicht klar und damit auch die Verantwortlichkeiten. Jeder denk, dass jemand anderer zuständig ist und wartet, bis etwas Konkretes auf dem Tisch liegt. Das kann schnell zu Frustration und Stagnation führen. Daher ist eine der ersten und wichtigsten Schritte, Menschen zu finden, deren Aufgabe und Leidenschaft es ist, Schritt für Schritt die Community zu etablieren. Für Unternehmen bedeutet das, die Bereitschaft zu zeigen, Community-Management ernst zu nehmen. Im Idealfall gibt es Experten, die sich nicht zusätzlich zu ihren bestehenden Aufgaben „on top" mit Community-Management beschäftigen, sondern deren einziger Job es ist, dies vollumfänglich zu tun. Der Effekt ist: die Community erhält so einen starken Wiedererkennungseffekt, feste

Ansprechpartner und damit klare Verantwortlichkeiten sowie letztlich einen Drive, der die Dinge am Rollen hält.

Aktive Multiplikatoren

Eine Person allein kann keine Community aufbauen. Hier ist Teamwork gefragt. Vor allem wenn es darum geht zu wachsen oder Events zu organisieren. Genauso wie es feste Ansprechpartner braucht, die die Community voranbringen und gestalten, braucht es darum Botschafter und Multiplikatoren, die die Community „von außen" unterstützen und Zugang zu ihren Netzwerken und Communitys schaffen. Da diese Multiplikatoren nicht vom Himmel fallen und man sie in der Regel auch nicht kaufen kann, stellt sich die Frage, wie man an diese kommt. Hier kommen die Inhalte, Ziele und vor allem die Werte ins Spiel, die einer Community zugrunde liegen. Viele vergessen: die Multiplikatoren brauchen einen ideellen Anreiz, um sich für eine Community stark zu machen. Das kann eine Bühne für das eigene Know-how oder Expertentum sein. Oder aber auch der Zugang zu einer Community, die alle Talente bündeln, die man selbst nicht hat.

Community Management ist ein Marathon, nicht Sprint

Ein Grund, warum ich selbst nicht von Anfang an vom Erfolg der von mir ins Leben gerufenen Communitys überzeugt war, ist mein Naturell. Ich bin mit einer gesunden Portion Ungeduld ausgestattet, was fürs Community-Management denkbar ungünstig ist. Positiv formuliert, war die Erfahrung für mich eine fantastische Übung in Ausdauer und Geduld. Communitys brauchen ihre Zeit, um zu wachsen und Strukturen zu etablieren und als solche auch abzuspeichern. Nehmen wir als Beispiel eine Veranstaltungsreihe für eine Community, die ins Leben gerufen werden soll. Es wird immer einen festen Kern an Leuten geben, der sich mit denjenigen mischt, die situativ dazu stoßen. Damit so eine Reihe zu einem Erfolg wird, braucht es Geduld. Denn auch bis der feste Kern etabliert ist, ist zunächst etwas Ausdauer nötig! Die Strukturen wie Informationskanäle, ob digital oder analog, runden das Paket ab. Wenn man in dieser wichtigen ersten Phase nachhaltig vorgeht, entstehen viele andere Dinge in der Folge ganz von selbst.

Infotainment statt Information

Eine starke Community lebt von starken Inhalten. Dabei hat jede Community ihre eigene Tonalität und entwickelt mit der Zeit eine eigene „Sprache". Die Tonalität bildet nur die Basis für die Inhalte, um die es gehen soll. Wenn es um die Kommunikation von Inhalten und Informationen geht, muss man sich darum aus Community-Management-Perspektive folgende Frage stellen: Geht es mir darum, eine Community zu schaffen, die den fachlichen Fokus im Blick hat? Dann sollten die News, die über und in die Community gestreut werden, entsprechend auch den jeweiligen fachlichen Bezug haben. Ist das Verbindende der Community eher das Teilen von Werten, Erfahrungen und (Lebens-) Wegen, helfen persönliche Geschichten von Vorbildern. Bei beiden Ansätzen, ob fachlich oder wertefokussiert, ist das Spannendste die Mischung aus Information und Unterhaltung. Eine Überfrachtung mit Informationen kann ebenso erdrückend wirken, wie ein zu großer Unterhaltungsfaktor eine Community schnell ins Comedy-Genre katapultieren kann. Infotainment lautet hier darum das Zauberwort. Wem es gelingt, informativ und unterhaltsam zugleich zu sein, hat hier die größten Erfolge.

Wenn es um die Inhalte selbst geht, lohnt es sich die Perspektive des Zielpublikums einzunehmen. Wen möchte ich mit einer Community erreichen? Welche Informationen könnten dabei besonders interessant sein? Gerade wenn die Community an der Schnittstelle zwischen einem Unternehmen oder einer Organisation und einem öffentlichen Publikum darstellt, lohnt es sich eigentlich immer die Community als Plattform zu nutzen, die einen Blick hinter die Kulissen ermöglicht.

Branchenübergreifende Diversität sorgt für neue Impulse

Communitys, die zu homogen sind, werden sich nicht weiterentwickeln. Es wird kaum neue Anstöße geben, wenn sich anstatt 150 ein Jahr später 300 IngenieurInnen treffen. Insbesondere weil durch die Digitalisierung seit Jahrzehnten bestehende Branchengrenzen infrage gestellt werden, sind auch die damit verknüpften Communitys in Bewegung geraten. Dabei hat es sich gezeigt, dass gerade durch die zunehmende Diversität und Heterogenität neue Allianzen bilden und neue Denkimpulse entstehen. Seit einigen Jahren ist es beispielsweise auffällig, dass bei Messen, Ausstellungen oder Konferenzen Vertreter immer unterschiedlichere Branchen aufeinander treffen. Dadurch kommt es sowohl zu einem Wissenstransfer als auch zu Innovationsschüben. Heute ist es beispielsweise selbstverständlich, dass Automobilhersteller bei der CES in Las Vegas – eigentlich eine Messe für Unterhaltungselektronik – neue Automodelle vorstellen. Oder sollte man Smartphones auf Rädern sagen!? Vor wenigen Jahren noch war so etwas undenkbar. Und als zum ersten Mal davon die Rede war, dass Konzerne wie Google ein Auto bauen könnten, hatte die Automobilbranche nur ein müdes Lächeln übrig. Veränderungen wie diese, die durch die Digitalisierung ausgelöst wurden, müssen sich auch in Communitys widerspiegeln. Die Antwort auf den digitalen Wandel ist Diversität. Ganz gleich, ob Communitys von einzelnen Personen oder Unternehmen aufgebaut werden, wird es immer wichtig werden darauf zu achten, dass Austausch, Kollaboration und Kooperation stattfinden kann. Diversität liefert neue Impulse und ist damit der Nährboden für Innovationen. Bei einer der ersten Veranstaltungen der Global Digital Women trafen Vertreterinnen aus den Bereichen Mobility, Tourismus und Management zusammen und gerade aufgrund der vertretenen Branchenvielfalt war das Treffen so fruchtbar und der Austausch extrem spannend. Das Aufeinandertreffen von Menschen aus unterschiedlichen Bereichen wirkt lange nach. Gerade darum ist Diversity ein wichtiger Aspekt für die nachhaltigen Aufbau und die Pflege von Communitys.

Hierarchische Strukturen abbauen

Nicht zuletzt zeichneten sich Communitys lange Zeit dadurch aus, dass sie auf einen bestimmten Personenkreis zugeschnitten waren. Es trafen sich beispielsweise ausschließlich Führungskräfte oder ausschließlich Fachleute, um sich über ein spezielles Thema auszutauschen. Erfolgreiche Communitys müssen in Zukunft aber hierarchieübergreifend sein. In meinen Augen ist das Konzept „Reversed Mentoring" dafür ein gutes Beispiel: Denn es kann dabei nicht nur die jüngere Generation etwas von der älteren lernen, sondern auch umgekehrt die ältere etwas von der jüngeren. Digitale Kompetenzen sind heute extrem relevant und ein Bereich, in dem die jüngere Generation der älteren etwas beibringen kann. Dasselbe gilt aber auch in vielen anderen Themen. Bei Global Digital Women treffen beispielsweise junge Nachwuchskräfte auf erfahrene Führungskräfte. Das führt zu spannungsreichen Begegnungen und zu einer starken Intensität innerhalb der Community. Hierarchieübergreifende Communitys sind also die beste Voraussetzung dafür, dass aus Communitys spannende und gewinnbringende Bewegungen werden.

Ich bin den Thema Hierarchien zum ersten Mal so richtig begegnet, als ich ein Praktikum bei einem Abgeordneten im Bundestag gemacht habe. Am zweiten Tag (!) meines Praktikums stand die Runde der Abgeordneten auf dem Tagesplan. Ich war etwas spät dran. Als ich den Raum betrat, war ich froh, dass der Termin noch nicht begonnen hatte. Ich nahm am Tisch Platz. Eine weitere Teilnehmerin kam kurz nach mir dazu und setzte sich neben mich mit den Worten: „Darf ich fragen, wer Sie sind?" „Klar! Ich bin Tijen!" sagte ich, ohne zu wissen, in welch prekärer Lage ich mich gerade befand. Was ich nämlich nicht wusste, war, dass es in diesem Raum eine strenge Sitzordnung gab. In der Mitte des Raumes stand ein runder Tisch – dieser war für die Abgeordneten gedacht. Manchmal durften dort auch Gäste und geladene Experten sitzen. Außen herum, an den Wänden des Raumes, befand sich einen weiterer Stuhlkreis. Diese Stühle waren für die Mitarbeiter bestimmt. Zum meiner Verteidigung muss ich an dieser Stelle sagen, dass all diese Stühle bereits besetzt waren, als ich den Raum betrat. Insofern blieb mir nichts anderes übrig, als am Tisch Platz zu nehmen. Der Ton in der Stimme der Kollegin sowie die Lautstärke, in der ich darauf hingewiesen wurde, was für einen Fauxpas ich mir hier geleistet hatte, machte mir jedoch unmissverständlich klar, dass ich mich hier in einer Institution mit einer strengen Hierarchie und einer klaren, manifestierten Ordnung befand.

Ich erzähle diese Episode gerne, weil sie so deutlich macht, was Hierarchien anstellen. Sie verhindern Austausch und Dialog. Diejenigen, die im äußeren Stuhlkreis sitzen, wissen, wo ihr Platz in der Hierarchie ist, sie wissen, dass sie nicht auf Augenhöhe kommunizieren können, und sie wissen, dass ihre Meinung nicht denselben Stellenwert hat, wie die derjenigen, die im inneren Zirkel sitzen dürfen. Hierarchien sind die Antithese zu Communitys und Netzwerken. Sie stellen sicher, dass es keinen produktiven

Austausch und keinen Informationsfluss gibt, und sie stellen sicher, dass alles bleibt wie es ist. Genau darum müssen Hierarchien überall dort abgebaut werden, wo Communitys und Netzwerke aufgebaut werden sollen.

Warum Netzwerke und Communitys der Schlüssel zu New Work sind

Unternehmen und Organisationen müssen in Zukunft nicht nur Netzwerke aufbauen, um eine Beziehung zu ihrer Community außerhalb ihrer selbst zu aufzubauen und zu pflegen. Sie müssen sich auch nach innen als Netzwerk verstehen. Beides ist für Fragen des Recruitings wichtig, aber auch darum, weil agiles Arbeiten dadurch ermöglicht wird und die Innovationskraft gefördert wird. Communitys sind dabei ein Erfolgsmodell. Wenn ein Unternehmen sich als Netzwerk versteht und auch so organisiert wird, steigt der Grad an interner Vernetzung und der Austausch nimmt zu. Der gemeinsame Austausch kann wertvolle Impulse liefern, zu einem neuen Gefühl der Gemeinsamkeit führen und die Motivation steigern. Community-Management bringt die Chance mit sich, Hierarchien abzubauen, und dadurch Neues entstehen zu lassen.

9

1000 Xing-Kontakte – Der Olymp des kleinen Mannes

Jetzt ist es sogar wissenschaftlich erwiesen: Alle anderen im eigenen Netzwerk haben immer mehr Freunde und Kontakte als man selbst. Frust und Neid sind also vorprogrammiert. Eine Studie, die an der McGill Universität durchgeführt wurde, hat das Phänomen wissenschaftlich belegt. Der Grund: In den digitalen Netzwerken folgen wir tendenziell Menschen, die erfolgreicher, populärer und besser vernetzt sind als wir selbst. Deren Posts und Reaktionen werden auch häufiger angezeigt als unsere eigenen. Obwohl wir intuitiv eher dazu neigen, uns selbst für toller zu halten als alle anderen, hat unser Netzwerkverhalten den gegenteiligen Effekt. Die Autorinnen und Autoren der Studie schreiben:

© Springer Fachmedien Wiesbaden GmbH, ein Teil von Springer Nature 2019
T. Onaran, *Die Netzwerkbibel,*
https://doi.org/10.1007/978-3-658-23735-6_9

Social networks do not simply comprise a few ultra-popular people with tens of millions of followers, followed by the masses, and who themselves only follow a few others (…) Rather, Twitter is hierarchical in the following sense: those who have millions of connections mostly follow others with million connections. Those with thousands of connections mostly follow others with thousands or millions of connections. Those with a few connections follows others with few, thousands, or millions of connections. Apparently, it's just the way we're connected [1].

Dieses Phänomen heißt „Freundschaftsparadox" – mit anderen Worten bedeutet das, dass wir tendenziell eher mit Menschen Kontakte knüpfen wollen, die bereits mehr Erfolg haben als wir selbst. An diesen Menschen orientieren wir uns. Das Ende dieses Phänomens ist klar: Da wir auch mindestens so toll sein wollen wie alle anderen, brauchen wir mehr Kontakte, mehr Likes und überhaupt *mehr*. Das Wettrennen geht los. Was dabei auf der Strecke bleibt ist das, was das Netzwerken eigentlich ausmacht.

„Und, wie viele Kontakte hast du bei Xing?"

„Wow – habe gerade 1000er Marke geknackt!" so oder so ähnlich flattert es immer wieder mal über meine Xing-Startseite und auch die Titel von Networking-Büchern bleiben davon nicht verschont. 1000 Kontakte! 100.000 Leads! Ein Wahnsinn! Denn das heißt also gleich 1000-mal respektive 100.000-mal so gutes und nachhaltiges Netzwerken? In der Wirklichkeit läuft es aber doch häufig so: Es flattert einem eine neue Kontaktanfrage über den Bildschirm und darin heißt es: „Ihr Profil spricht mich an – ich würde mich gerne mit Ihnen vernetzen". Ok! Bang: Neuer Netzwerkkontakt. Manchmal gibt es auch gar keine begleitende Nachricht, und trotzdem scheint man selbst eine überaus wichtige Person zu sein, die im Netzwerk von jemandem noch zu fehlen scheint, auch wenn man die Person selbst in der Regel jedoch ungefähr so gut kennt wie die Einwohnerzahl von Recklinghausen.

Genauso wie man selbst diese Anfragen als irritierend empfindet, sollte man selbst nicht wahllos Menschen auf den Online-Plattformen hinzufügen, in der Hoffnung, das eigene Netzwerk zu vergrößern. Denn wer weiß, vielleicht hat diese unbekannte Person einem ja wirklich irgendwann mal etwas zu bieten. Diese Strategie führt langfristig aber eher dazu, dass der Wert, den die digitalen Plattformen haben, schwindet. Konkretes wird sich dort nur durch Zufall ergeben und die eigene Timeline quillt über von Content, der für einen selbst und das eigene Networking nur bedingt relevant ist. Wer sich seiner eigenen Erwartungen diesbezüglich nicht bewusst macht, erntet sogar obendrein noch Frust. Selbst nach dem 100sten Like und dem 50sten Kommentar kommt keine Antwort von der Person, der man in der Kontaktanfrage doch extra noch geschrieben hat, dass sie ein interessantes Profil hätte und ein wertvoller Kontakt wäre. Das Problem: Man selbst hat diese Person noch nie getroffen. Der Wunsch, möglichst viele Kontakte zu haben, kompensiert in vielen Fällen die fehlende inhaltliche Positionierung. 7893 Kontakte=wichtige Person. Die Sehnsucht nach der eigenen Bedeutsamkeit und der Freundschaftskomplex sollten aber eines nicht verdecken: das unglaubliche Potenzial von Xing, LinkedIn oder Twitter. Die digitalen Plattformen ermöglichen es dir, schnell und unkompliziert Kontakt zu spannenden Persönlichkeiten aufzunehmen. Das Geheimnis dabei ist: dafür brauchst du nicht 1000 Kontakte in petto zu haben. Dazu reicht in aller Regel eine kurze, freundliche persönliche Nachricht, in der du vielleicht ein Lunch-Date vorschlägst.

» Beim Netzwerken auf den digitalen Plattformen ist es so ähnlich wie beim Online-Dating. Stell dich in einem guten Licht dar, mach dich aber nicht 1000-mal besser als du in Wirklichkeit bist. Sei proaktiv, achte aber auch darauf, dass du deinem Gegenüber nicht auf den Senkel gehst. Und nicht zuletzt: Bestimmte Dinge solltest du nicht aussprechen, sonst geht der Zauber des Ganzen verloren. Sprich: Du musst niemanden explizit darauf hinweisen, dass du nun 37 Links von ihm oder ihr geteilt hast und nun der oder die andere dran ist, dich zu unterstützen.

Klasse statt Masse: So findest du die „richtigen" Kontakte

Seriöse und unseriöse Kontaktanfragen gehören aber trotz alledem inzwischen zur täglichen Routine und damit auch zu den Herausforderungen beim Netzwerken. Anfragen von Personen, deren Namen ich noch nie gehört habe und die ohne persönliche Ansprache ankommen, lehne ich beispielsweise aus Prinzip ab. Vernetzen nur um des Vernetzens Willen – so funktionieren die digitalen Netzwerke meiner Überzeugung nach nicht. Beim Networking geht es schließlich nicht darum, einen Pokal für die meisten Kontakte zu gewinnen! Aber folgende Frage ist berechtigt: Wie kommst du mit den Personen Kontakt, die dich wirklich interessieren?

Zehn qualitativ hochwertige Kontakte, die auch den Hörer abnehmen, wenn du sie anrufen würdest, helfen dir unter Garantie mehr weiter als 1500 Kontakte, zu denen du keinerlei Verbindung hast. Denn beim Networking muss dich die Person auch zuordnen können und es geht viel um Sympathie! Oder würdest du jemandem einfach so helfen, weil er oder sie dich bei Xing angeschrieben hat und behauptet, dein Profil interessant zu finden?

» Wenn Du zu einer Person noch keinen Draht hast, aber Kontakt suchst, dann verfasse eine kurze Nachricht dazu! Schreibe darin, welche Themen dir wichtig sind – keine Romane! – und dass es einen gemeinsamen Anknüpfungspunkt geben könnte.

Content is King – Quality is Queen!

Der erste Schritt, den du machen kannst, um an die „richtigen" Kontakte zu kommen, ist zu verinnerlichen, dass Qualität immer vor Quantität geht. Wenn du also zu einem Event gehst, nimmt dir nicht unbedingt vor, 10, 15 oder 20 neue Kontakte zu finden oder deine Visitenkarte so oft wie möglich an den Mann oder die Frau zu bringen. Verlasse dich mehr auf dein Bauchgefühl. Welche Geschichten berühren dich? Welche Fähigkeiten haben andere, die du vielleicht nicht hast? Wenn du immer darauf achtest, dass Klasse vor Masse geht, wirst du sehen, dass dein Netzwerk automatisch durch Menschen bereichert wird, die du ebenso gerne unterstützen würdest wie umgekehrt.

Erst dann kann der zweite wichtige Schritt folgen und auch hier ist Qualität wieder Queen. Denn Qualität heißt eben auch, Qualität in die Beziehung zu deinen Kontakten zu bringen. Wenn einer deiner Kontakte etwas postet, das du gut findest, weil es sich beispielsweise mit deinen Themen überschneidet, oder weil es einfach ein wichtiges Anliegen für diejenigen oder denjenigen ist, dann unterstütze sie, ohne dass sie dich unbedingt darum bitten. Ein Like, ein kurzer Kommentar oder das Teilen eines Posts dauern nicht lange, kann aber viel bewirken. Die Kunst besteht auch hier darin, das richtige Maß zu finden. Du solltest weder zum Stalker oder zum Schatten einer Person noch zum Spammer werden, der alles teilt und kommentiert, was in deiner Timeline erscheint.

Matching: Wie treffe ich die richtigen Menschen?

Du kannst aber noch mehr tun, wenn du Menschen treffen willst, die total matchen. Deine Aufgabe dabei ist es, dir darüber Gedanken zu machen, was du den Leuten bieten kannst. Das heißt nicht, dass du gleich ins Geschäft der Jobvermittlung einsteigen musst. Oft sind es Kleinigkeiten, die den großen Unterschied machen. Das kann ein Tipp im Freizeitbereich sein, das kann ein spannender Text sein, den du entdeckt hast, das kann aber auch der Hinweis auf ein Projekt sein, von dem du gehört hast, das sehr gut zu der Expertise einer deiner Kontakte passt.

Wenn du Networking auf diesem Level betreibst, dann wird eigentlich von selbst klar, warum es hier nicht um Masse gehen kann. Darum ist es so wichtig, auch bei den Online-Netzwerken nicht irgendwelche Personen hinzuzufügen, die dir einfach eine Einladung schicken. Du musst dich immer fragen: Was möchte ich von der Person? Was bin ich bereit zu geben? Letzteres ist dabei entscheidend. Denn Netzwerken beruht immer auf dem Prinzip von Geben und Nehmen. Dabei steht das Geben nicht durch Zufall an der ersten Stelle. Das heißt in der Konsequenz, dass du bereit bist, etwas zu geben – sprich: andere zu unterstützen, dich um sie Gedanken zu machen, dich ab und zu zu melden oder auch nur, indem du ein Vorbild für andere bist, ohne direkt etwas dafür zu bekommen.

Netzwerken – zumindest dann, wenn es nachhaltig verstanden und betrieben wird – beruht auf dem Prinzip der Gegenseitigkeit. Hilfst du mir, dann helfe ich dir. Dabei gilt dieses Prinzip vor allem dann, wenn es unausgesprochen bleibt. Du musst nie dazu sagen, dass die- oder derjenige dir jetzt aber etwas schuldig ist, weil du etwas für sie oder ihn gemacht hast. Vielmehr ist es so, dass man die „Magie" sogar damit zerstört. Denn beim Netzwerken gibt man ein Stück weit freiwillig, und nicht nur, weil man etwas dafür haben möchte.

Challenge Nummer 8: Räum mal so richtig auf!
Gehe durch deine Kontaktlisten und lösche alle Kontakte von Personen, die du im Grunde gar nicht kennst. Gehe ein zweites Mal durch die Liste und frage dich, welche von deinen Kontakten du ohne Probleme anrufen würdest, ohne dass diese es seltsam fänden, dass du dich telefonisch bei ihnen meldest. Und wo du gerade dabei bist: Wem wolltest du ohnehin schon seit längerer Zeit mal wieder schreiben oder tatsächlich anrufen? Das ist *die* Gelegenheit!

Mehrwert schaffen

Qualität statt Quantität gilt noch in einem weiteren Bereich. Stichwort: Ökonomie der Aufmerksamkeit. Im gleichnamigen Buch von Georg Franck heißt es: „Die Aufmerksamkeit anderer Menschen ist die unwiderstehlichste aller Drogen" [2]. Seine zugrunde liegende These ist: neben Geld und Zeit ist Aufmerksamkeit die neue Währung in einer Zeit der permanenten Reizüberflutung. Aufmerksamkeit und Kommunikation stehen beim Networking dabei in einem Wechselverhältnis. Einerseits kommunizieren wir, um Aufmerksamkeit zu erregen, um anderen Menschen zu zeigen, womit wir uns aktuell beschäftigen und womit wir uns in Zukunft beschäftigen wollen. Andererseits machen das aber auch alle anderen in deinem Netzwerk. Am Ende heißt es dann: Wer schreit am lautesten? Und wem gelingt es, jeden Tag ganz oben in der Timeline zu erscheinen? Die Konsequenz ist der Content-Contact-&-Communication-Overload. Wenn Kommunikation um jeden Preis betrieben wird, bleibt die Qualität unweigerlich auf der Strecke. Das Ziel bei einer Networking-Strategie, die auf Nachhaltigkeit ausgerichtet ist, sollte darum sein, in der einen oder anderen Form einen Mehrwert zu schaffen.

Zum Netzwerken gehört auch die Lektion, „Nein" sagen können

Ein wichtiger, aber sensibler Aspekt, der sich leider unweigerlich einstellen wird, ist der Folgende. Immer wieder wird die Frage an mich herangetragen, was meine Empfehlung ist, wenn es darum geht, Leute auch wieder loszubekommen. Wenn man in einem Netzwerk in Erscheinung tritt als jemand, der anderen hilft, weckt das unweigerlich auch falsche Hoffnungen bei Menschen, die ebenfalls von deiner Hilfsbereitschaft profitieren wollen. Zur Wahrheit gehört aber leider auch, dass man nicht allen Menschen im gleichen Maße helfen kann. Wie gesagt: Klasse statt Masse. Mein Tipp in dieser Situation ist, von Anfang an transparent zu sein. Wenn du merkst, dass es jemanden in deiner Umgebung gibt, der Hilfe oder Unterstützung in einem Maße erwartet, das du nicht leisten kannst oder willst, kommuniziere das freundlich, aber direkt. Du wirst durch Networking nur dann nachhaltig mit Freude und Spaß betreiben können, wenn du so früh wie möglich lernst, auch mal „Nein" zu sagen. Dabei ist es wichtig, das auch direkt zu kommunizieren. Wenn du versuchst, Dinge nur durch die Blume zu sagen, wird die Botschaft unter Umständen nicht ankommen. Sätze wie „Ich kann dir an der Stelle nicht helfen" oder „Ich bin in dieser Angelegenheit leider der falsche Ansprechpartner" tun niemanden weh, machen aber deine Position deutlich. Es bringt beiden Seiten nichts, wenn eine unrealistische Erwartungshaltung aufrechterhalten wird. Insofern ist es auch nur fair, wenn das deutlich gesagt wird. Denn du verschwendest deine Zeit nicht länger und dein Gegenüber auch nicht.

Viele trauen sich nicht, unangenehme Tatsachen auszusprechen und versuchen, non-verbal zu signalisieren, was Sache ist. Dazu kann ich aus Erfahrung nur sagen, dass diese Signale zum Teil nicht ankommen. Es gibt auch

Menschen, die subtile Botschaften nicht verstehen oder in ihrer Situation nicht verstehen können. Allein, weil sie eine andere Erwartung an eine Begegnung haben, werden sie nur das wahrnehmen, was sie hören wollen.

Offenheit und Transparenz

Transparenz ist vor allem auch in einer anderen Hinsicht wichtig, nämlich dann, wenn Geld im Spiel ist. Gerade in Deutschland ist hier eines der obersten Gebote „Über Geld spricht man nicht." Meine Erfahrung ist, dass gerade hier Offenheit und Transparenz geboten ist. Besonders bei Kooperationen und gemeinsam realisierten Projekten ist es sehr wichtig, zu Beginn die Karten offen auf den Tisch zu legen. Einerseits geht es darum, zu sagen, was man zur Realisierung der Projekte braucht. Andererseits aber auch offen für Gegenvorschläge zu sein, wenn das Budget mal klein(er) sein sollte. Nur so kann man die Partnerschaft mit Offenheit, Vertrauen und einem Ziel gemeinsam starten.

Literatur

1. Taramsari N, Rabbat M (2016) Qualities and inequalities in online social networks through the lens of the generalized friendship paradox. PLoS ONE 11(2). Austin. http://journals.plos.org/plosone/article?id=10.1371/journal.pone.0143633. Zugegriffen: 2. August 2018
2. Franck G (2007) Ökonomie der Aufmerksamkeit. Dtv, München(Erstveröffentlichung 1998)

10

Visitenkartenroulette… und was es stattdessen braucht

Die Spielregeln – und warum es wichtig ist, sie zu brechen

Ganz gleich in welcher Branche du unterwegs bist – es wird überall gespielt: das allseits beliebte Spiel „Visitenkartenroulette". Das funktioniert so: Bei jeder Veranstaltung wird das Rad erneut gedreht und die Visitenkarten wandern. Jeder bekommt von jedem eine Karte und abschließend wandern sie allesamt in eine Schublade im Schreibtisch, um in 80 % der Fälle vergessen zu werden. Dieser Umgang steht in einem eklatanten Missverhältnis zur Situation der Übergabe. Wir empfangen eine Visitenkarte mit einer gewissen Ehrfurcht. Wenn man dieses Hochgefühl besonders stark zum Ausdruck bringen möchte, kann man das kleine

© Springer Fachmedien Wiesbaden GmbH, ein Teil von Springer Nature 2019
T. Onaran, *Die Netzwerkbibel*,
https://doi.org/10.1007/978-3-658-23735-6_10

Papier – wie es in Japan so üblich ist – gleich mit beiden Händen entgegennehmen. Anschließend wird es von vorne und hinten betrachtet und, wenn es angebracht ist, sogar gelobt. Steht man tatsächlich einer Person aus Japan gegenüber, entscheidet die Betrachtungsdauer der Karte darüber, ob man sich vielleicht sogar unhöflich verhält! Insofern ist hier durchaus Vorsicht geboten und es lohnt sich, die Spielregeln zu kennen.

Hier kommt der Haken an der Geschichte. Wer erst einmal Visitenkarten ausgetauscht hat, macht innerlich einen Haken hinter die Begegnung. Getroffen, unterhalten, Visitenkarten ausgetauscht. Passt, fertig. So funktioniert Netzwerken aber nicht. Wenn du dieses Spiel einen ganzen Abend lang betreibst und jemand dich auch nur nach einem Detail zu jeder Person fragen würde, von der du die Visitenkarte erhalten hast, würdest du staunen, wie wenig übrig bleibt. Aber es gibt noch ein zweites Problem. Auf jeder Visitenkarte steht in der Regel direkt unter dem Namen die Positionsbezeichnung. Eine Steigerung ist noch möglich: Manchmal stehen die Positionen sogar *über* dem Namen. Viele achten in der Situation, in der eine so ausgestattete Visitenkarte ins Spiel kommt, dann viel zu sehr auf die Position. Das Kalkül ist klar. Je „höher" jemand in einem Unternehmen positioniert ist, desto wichtiger ist er natürlich und umso wichtiger ist es, sich mit dieser Person zu vernetzen. Das heißt, dass die Hierarchie im Vordergrund steht. Das Denken in Hierarchien ist jedoch meiner absoluten Überzeugung nach eines der schlimmsten Übel beim Netzwerken. Warum sollte die Geschichte oder die Meinung von jemandem weniger interessieren oder berühren, nur weil er noch nicht die Gelegenheit hatte, in einem Unternehmen aufzusteigen? Wer sagt denn, dass es wahrscheinlicher ist, mit jemandem gemeinsam ein Projekt auf die Beine zu stellen, nur weil diese Person eine bestimmte Position hat? Meiner Erfahrung nach macht der Fokus auf die Position einer Person auch den Austausch in der Situation bei einem Event schwierig. Es wird wichtiger, welche Position eine Person hat als die Frage, für welche Themen sie steht.

Ein weiterer Grund, der Visitenkartenroulette zu einem so ineffektiven Networking-Ritual macht: Was bringt es dir, wenn du am nächsten Tag einen Stapel Visitenkarten mit nach Hause bringst? Gehst du wirklich Karte für Karte durch, erinnerst dich an ihre Geschichten und Themen, fügst die Menschen in deinen Netzwerken hinzu und schreibst ihnen vielleicht sogar noch eine persönliche Nachricht? Hier beweist es sich wieder einmal, dass Klasse über Masse geht. Wenn du Networking effektiv betreiben willst, hol dir (wenn überhaupt) nur ganz gezielt eine Visitenkarte von genau den Menschen, mit denen du wirklich in Kontakt treten willst.

Life is short – break the rules!

Ganz anders sieht es aus, wenn du einen Abend lang versuchst, nicht an dem Spiel teilzunehmen bzw. die Regeln zu brechen, oder sagen wir: zu verändern oder zu variieren. Anstatt deinem Impuls nachzugeben und nach deiner Visitenkarte zu greifen, suche nach weiteren Anhaltspunkten im Gespräch und der Geschichte deiner Gesprächspartnerin oder deines Gesprächspartners.

Wo siehst du Anknüpfungspunkte? Welche Themen interessieren dich besonders? Hast du einen Stift dabei, dann schreibe etwas auf deine Karte, bevor du sie überreichst. Wenn du am Visitenkartenroulette teilnimmst, dann sorgst du so dafür, dass es dabei nicht um ein bloßes Ritual geht, sondern du bewusst damit umgehst. Dabei sind Empathie und ein echtes Interesse für dein Gegenüber genauso hilfreich wie eine gesunde Neugier. Ein gutes Netzwerk aufbauen heißt schließlich nicht, Visitenkartenroulette auf Events zu spielen, sondern Gespür für Menschen, deren Geschichten und Themen zu entwickeln.

Sofort vernetzen

Wenn ich meine Visitenkarte an jemanden gebe, verbinde ich es meist mit der Frage danach, über welches Netzwerk ich die Person am liebsten hinzufügen darf. Zum einen lernt man so direkt eine weitere Facette kennen – nennt jemand als erstes Twitter oder LinkedIn? Zum anderen finde ich das Vorgehen auch einfach sehr praktisch, denn es spart später Zeit, die Person in allen möglichen Kanälen suchen zu müssen. Manchmal wird so auch direkt ersichtlich, welche gemeinsamen Kontakte man hat und bei der Kontaktaufnahme kannst du Bezug auf eure Begegnung nehmen.

Challenge Nummer 9: Visitenkartenroulette

Für Anfänger: Du hast noch keine Visitenkarte? Beschaffe dir auf jeden Fall eine – es gibt durchaus sinnvolle Anwendungsbereiche

dafür. Im schlimmsten Fall kannst du einfach beim Visitenkartenroulette teilnehmen. Achte beim Design aber auf ein
paar Details: Ich finde, dass deine Funktion oder deine Position
nicht auf deiner Visitenkarte stehen muss bzw. sollte. Wenn du
für jemanden ein interessanter Kontakt bist, hat das nicht nur
was mit deiner Funktion zu tun, sondern mit deinen Themen.
Vielleicht fällt dir eher etwas ein, wie du deine Visitenkarte
so gestalten kannst, dass sofort klar ist, was dein Thema ist.
Zweiter Vorschlag zum Design: Achte darauf, dass nicht nur
deine Adresse oder deine Telefonnummer drauf stehen –
Wer bekommt heute schließlich noch Briefe oder wird gerne
angerufen – schreibe lieber dein Twitter-Handle oder deinen
LinkedIn-Namen darauf, damit sich die Leute mit dir direkt
vernetzen können.

Für Fortgeschrittene: Du brauchst neue Visitenkarten!
(Richtig gelesen.) Du hast bestimmt Visitenkarten und mit
einer hohen Wahrscheinlichkeit steht dort deine Position. Es
ist Zeit für etwas Neues. Aber keine Sorge, du musst auch in
Zukunft nicht ganz ohne Visitenkarten auskommen. Das Motto
lautet ebenfalls: Werde kreativ! Anstatt deiner Position darf zum
Beispiel dein Twitter-Handle mit auf deine Karte. Du hast noch
kein Twitter-Handle? Gehe zurück auf Los beziehungsweise zu
Challenge Nummer 2 in Kap. 2.

Tipps für eine klare Kommunikation

Welche Strategien gibt es jenseits des kreativen und konst-
ruktiven Umgangs mit der Visitenkarte? Meiner Meinung
nach ist dabei vor allem das Thema Gesprächsführung relevant. Idealerweise bringst du bestimmte Voraussetzungen

wie ein bestimmtes Maß an Einfühlungsvermögen bereits mit. Gesprächsführungs-Skills gehören hierzulande leider nicht zur Standardausstattung. Fragt man Menschen aus anderen Ländern nach ihrer Meinung, so wird Menschen aus Deutschland nachgesagt, dass sie beispielsweise nicht viel von Small Talk halten, sondern lieber direkt zum Punkt kommen. Sachlich, nüchtern, direkt, ehrlich. Da fangen die Probleme aber schon an. Ich glaube, dass es beim Netzwerken diesen einen Punkt, zu dem man so schnell wie möglich kommen sollte, in der Form gar nicht gibt. Der Weg ist vielmehr das Ziel. Denn wichtiger als reine Sachthemen ist beispielsweise die Frage: Stimmt die Chemie zwischen zwei Menschen? Eine Unterhaltung bei einem Event kann darüber viel mehr Aufschluss geben als die Antwort auf die Frage, ob jemand beispielsweise Interesse an einer Zusammenarbeit hat. Nicht mit jeder oder jedem, den wir bei einem Event treffen, müssen wir gleich ins Geschäft kommen oder ein gemeinsames Projekt aufziehen. Beim Networking geht manchmal um etwas Allgemeineres. Neben der Chemie können das gemeinsame Themen und Interessen sein, für den Einzelnen kann es auch einfach nur wichtig sein, inspiriert und motiviert zu werden. Interessen wie diese lassen sich schwer auf den Punkt bringen. Wer nicht von Natur aus ein begabter Rhetoriker ist, oder entsprechend sozialisiert wurde, braucht sich aber nicht zu sorgen. Denn es gibt eine Reihe von Techniken, die leicht erlernbar sind und das Networking-Leben um ein Vielfaches leichter machen.

Small Talk matters

Je nachdem, mit wem du es zu tun hast, kann es als hochgradig unhöflich gewertet werden, wenn du keinen Small Talk betreibst. Beispielsweise gehört es in den USA, aber auch in vielen anderen Ländern zum guten Ton, sich erst einmal über Gott und die Welt zu unterhalten. Wer hier mit der Tür ins Haus fällt, hinterlässt schon mal einen unseriösen Eindruck. Darum ist der erste Tipp: Arbeite an deinen Small-Talk-Skills. Das beliebteste Thema ist dabei sicher das Wetter. Auch das aktuelle Tagesgeschehen, Klatsch & Tratsch sowie Fußball stehen immer hoch im Kurs. Wobei ich nur dazu raten kann, von solchen allgemeinen Themen weg zu kommen und mehr zum Inhaltlichen zu kommen. Empfehlenswerter ist es beispielsweise, den konkreten Anlass des Treffens oder die Motivation des Gegenübers, auf die Veranstaltung zu gehen, zu thematisieren. Daraus entstehen sehr viel mehr Gespräche als über die üblichen Verdächtigen wie Wetter, Fußball & Co.

Aber im Grunde sind deiner Kreativität hier keine Grenzen gesetzt. Small Talk hat im Gegensatz zur weit verbreiteten Ansicht, dass es hier um Nichtigkeiten geht, eine extrem wichtige Funktion bei der zwischenmenschlichen Kommunikation. Selbst, wenn dabei keine relevanten Informationen ausgetauscht werden, signalisiert die Fähigkeit, miteinander auch über Banales sprechen zu können, etwas Essenzielles. Small Talk sagt manchmal auf der Oberfläche betrachtet nicht viel mehr als „Wir haben uns einander etwas zu sagen". Auf einer anderen Ebene betrachtet stellt er aber unter Beweis, dass man auf derselben Wellenlänge ist, dass man sich mehr zu sagen hat als bloß rein Geschäftliches oder dass es eine gemeinsame Basis gibt, auf der man sich unterhalten kann.

Offenheit und die Fähigkeit, zuhören zu können

Die Fähigkeit, zuhören zu können ist eine der wichtigsten Voraussetzungen, um ins Gespräch zu kommen. Wenn du aufmerksam zuhören kannst, wird es dir umso leichter fallen, Anknüpfungspunkte zu finden. Und auch, wenn man es anders vermuten könnte, aber Zuhören ist keine passive Tätigkeit. Zwar ist für das Zuhören zwingend erforderlich, dass es zwischendurch Momente gibt, in denen man nichts sagt. Nur zu viel Stille ist Gift fürs Gespräch. Entscheidend ist es, präsent zu sein, Fragen zu stellen und non-verbal zu signalisieren, dass man interessiert ist. Besonders bei Events gibt es eine Verhaltensweise, die man immer beobachten kann, die in diesem Zusammenhang auf jeden Fall tunlichst vermieden werden sollte: Noch während des Gesprächs wandern die Augen langsam im Saal herum, um die Lage zu sondieren. Dem Gegenüber wird damit unmissverständlich signalisiert, dass man sich eigentlich innerlich schon wieder aus dem Gespräch verabschiedet hat und auf der Suche nach wichtigen Gästen und wirklich interessanten Gesprächspartnern ist.

Humor und Schlagfertigkeit

Ich glaube, dass Schlagfertigkeit vor allem ein Ausdruck von Selbstsicherheit ist. Wer in sich ruht, kann schlagfertig reagieren. Für mich ist das Thema Schlagfertigkeit darum auch ganz eng mit dem Thema Sichtbarkeit verknüpft. Das verknüpfende Element ist der Mut. Denn zur Schlagfertigkeit gehört der Mut, auch mal einen Satz rauszuhauen, der jemanden vielleicht vor den Kopf stößt, der ein kleines Tabu bricht oder mit den Normen spielt. Mut braucht es aber auch, wenn es darum geht, sichtbar zu werden. Sich mit seinen Gedanken, Ideen und Zielen der Öffentlichkeit zu stellen, bringt es mit sich, dass man Dinge ausspricht, die einen angreifbar machen. Beides benötigt Mut und Mut kann man besonders dann beweisen, wenn man in sich ruht. Dann spielt es keine große Rolle, ob die Angreifbarkeit von jemanden ausgenutzt wird, weil man sich souverän verteidigen könnte. Ob du selbst den Mut hast, schlagfertig zu sein, kannst du einfach überprüfen. Die Sätze, die einem einen halben Tag später zu Situationen einfallen, in denen man sie gebraucht hätte, sind nämlich nur die halbe Miete. Nimm für einen Moment an, dir wäre ein schlagfertige Satz tatsächlich in dem Moment eingefallen – hättest du dann wirklich den Mut gehabt, den Satz wirklich auszusprechen?

Mir selbst helfen in Situationen, in denen es darauf ankommt, schlagfertig zu sein, vor allem zwei Strategien. Die erste Strategie lautet schlicht „Humor". Dinge auszusprechen, die nicht hundertprozentig zu einer Situation passen, kann als schlagfertig, aber auch als unhöflich bewertet werden. Wenn sie jedoch mit einer gehörigen Portion Humor verpackt werden, entspannen sich Situationen sehr schnell und ermöglichen Gespräche, die sonst vielleicht so nicht möglich gewesen wären. Die zweite Strategie, um schlagfertig zu wirken oder auch nur, um sich Zeit zu verschaffen, um sich eine witzige Antwort zu überlegen, lautet „Zeit schinden!". Mehr Zeit heißt mehr Zeit, sich schlagfertige, humorvolle Antworten zu überlegen. Dazu reichen manchmal schon so einfache Fragen wie „Wie meinst du das genau?" oder „Was willst du damit sagen?", um den Ansatzpunkt für eine Pointe zu finden.

Über die Kunst, ein Gespräch zu beenden

Am Ende noch etwas Heikles: Zum Thema Gesprächs-führung gehört auch die Fähigkeit, ein Gespräch zu beenden. Wer viele Veranstaltungen besucht, kennt garan-tiert folgende Situation: Du unterhältst dich bei einem Event schon 20 min mit einer Person, würdest aber gerne seit 10 min schon wieder weiter gehen. Denn eigentlich wolltest du nur ganz kurz einen Snack oder ein Getränk holen und dann zu deinem anderen Gespräch zurück-kehren. Wie lassen sich solche Situationen auflösen, ohne unhöflich zu sein?

Ich persönlich finde es in solchen Situationen immer gut, den Zirkel zu erweitern und eine dritte Person dazu zu holen, die gerade vorbeiläuft oder die man im Raum entdeckt. Durch die Erweiterung entstehen noch mal neue Aspekte und Themen, die man vielleicht zu zweit noch nicht auf dem Zettel hatte – das Gespräch entwickelt sich weg von der ursprünglichen Zweierkonstellation und so bietet sich die Möglichkeit, sehr viel eleganter das Gespräch wieder zu verlassen. Wenn du weitergehst, lässt du die erste Person so nicht alleine im Regen stehen. Die ganze Sache hat noch einen positiven Nebeneffekt: Du stellst bei der Gelegenheit unter Beweis, dass du ein paar der zentralen Networking-Skills auf dem Kasten hast. Du hast zwei Personen im Raum identifiziert, die eine gemeinsame Schnittmenge oder ein gemeinsames Thema haben und hast sie miteinander connected!

11

Twitter, Xing, LinkedIn & Co – Wie ticken digitale Netzwerke und welche sind wichtig?

Ich gebe es gerne zu: Als ich das erste Mal auf Twitter war, wusste ich nicht wirklich, was ich dort mache. Die Frage, die mich am meisten beschäftigte, war: Warum sollte ich mich denn bitte freiwillig auf 140 Zeichen beschränken!? Schließlich rede ich doch gerne und vor allem viel! Für die Jüngeren unter euch: Ja, mit so wenigen Zeichen musste man die ersten Jahre tatsächlich auskommen, bis Twitter sich endlich dazu entschlossen hat, die Zahl an verfügbaren Zeichen pro Tweet zu verdoppeln. Aus heutiger Perspektive muss ich sagen, dass ich durch die freiwillige Selbstbeschränkung auch etwas gelernt habe: Sie hat mich gezwungen, das Wesentliche in kurze Sätze zu packen und pointiert zum Punkt zu kommen.

© Springer Fachmedien Wiesbaden GmbH, ein Teil von Springer Nature 2019
T. Onaran, *Die Netzwerkbibel*,
https://doi.org/10.1007/978-3-658-23735-6_11

Die wichtigsten digitalen Netzwerke

Liebhaber von Listen werden an dieser Stelle leider enttäuscht, da ich der offensichtlichen Versuchung, alle
existierenden digitaler Netzwerke hier aufzulisten, wider-
stehe. Ich sage nur so viel: Knuddels und Snapchat könnt
ihr getrost außen vor lassen. Vielmehr lasse ich direkt die
Katze aus dem Sack: Ich halte LinkedIn, Xing, Twitter
und Instagram für die essenziellen Plattformen, wenn
es um berufliches bzw. professionelles Networking geht.
Dabei ist mir bewusst, dass es Netzwerke gibt, bei denen
man lange diskutieren könnte, ob sie nicht doch auch
eine bestimmte Relevanz für den hier besprochenen
Zweck haben. Die Antwort lautet: Ja, ... oder
.... (darf bei Bedarf gerne ausgefüllt werden)
könnte man ebenso gut verwenden. Dennoch finde ich,
dass die vier hier vorgestellten Plattformen absolut ausreichend sind und sich vor allem bei einer großen Anzahl
von Nutzern durchgesetzt haben. Wenn du einfach ganz
anderer Meinung bist oder in Bezug auf die Wahl der
Plattform unsicher bist und nicht weißt, ob du Twitter,
Xing oder LinkedIn nutzen sollst, dann probiere es einfach
aus. Letztendlich musst du für dich selbst entscheiden, was
du auf welcher Plattform bereit bist zu kommunizieren.
Bei den meisten Plattformen gibt es die Möglichkeit, dass
du dir ein geschütztes Profil anlegen kannst. Bei dieser Art
von Profil musst du bestätigen, ob Leute dir folgen dürfen. Somit kannst du dich besser ausprobieren und musst
weniger Angst vor dem ersten Shitstorm haben – aber
dazu später noch mehr.

LinkedIn

LinkedIn ist inzwischen das wohl wichtigste berufliche Netzwerk. Das gilt zumindest unter zwei Voraussetzungen. Zum einen, wenn man rein die Mitgliederzahl betrachtet. Und zum anderen, wenn es um eine internationale Perspektive geht. Hier findest du deswegen in der Regel die allermeisten Unternehmen, Institutionen, Organisationen und Marken, aber auch alle wichtigen Corporate Influencer und Top-Manager (sofern sie die Zeichen der Zeit schon erkannt haben). Für den deutschen Mittelständler kann Xing mindestens ebenso wichtig sein – wenn nicht sogar wichtiger. Dazu aber gleich im nächsten Abschnitt mehr. Ansonsten gilt: Du suchst einen neuen Job? Du willst dich als Expertin oder Experte für ein Thema positionieren? Du willst deinen Kundenkreis erweitern? Oder du suchst einen Ort, an dem du dich mit deinen beruflichen Kontakten austauschen willst? Dann ist LinkedIn deine erste Adresse. Dabei macht sich die internationale Ausrichtung von LinkedIn schon dadurch bemerkbar, dass hier tendenziell Englisch die Sprache der Wahl ist – was nicht heißt, dass du hier nicht ebenso gut alles auf Deutsch machen kannst oder sollst. Letztlich ist es eine Frage der Reichweite und deiner persönlichen Erwartungen und Zielsetzungen.

Wie kaum eine andere Plattform bietet LinkedIn viel Raum für Content. Inzwischen gibt es eine Reihe von integrierten Apps, Gruppen, Anzeigenteil usw. Plattformen wie LinkedIn versuchen natürlich auch, sich permanent weiterzuentwickeln. Einer der Trends ist beispielsweise, dass verstärkt auf visuelle Kommunikation gesetzt wird – vor allem in Form von Slides, Bildern und allen voran Videos. Wahrscheinlich ist es nur eine Frage der Zeit, bis die LinkedIn-Stories in der Timeline auftauchen. Bereits seit längerem etabliert ist die Option, LinkedIn als Blogging-Plattform zu nutzen, was du auf jeden Fall tun solltest, wenn du ein wichtiges Thema für dich entdeckt hast. Unter der Brand „LinkedIn Pulse" bietet das Netzwerk die Möglichkeit an, längere Texte zu veröffentlichen. Die Reichweite, die du so erreichen kannst, ist sehr viel größer als wenn du deine Texte anderswo wie beispielsweise auf deinem persönlichen Blog veröffentlichst und nur den Link über dein Profil postest.

Xing

Xing ist – zumindest im deutschsprachigen Raum – mindestens ebenso wichtig wie LinkedIn. Sprich: auch hier bist du an der richtigen Adresse, wenn du dich mit einem bestimmten Expertenthema positionieren möchtest, wenn du einen Job suchst oder wenn du auf der Suche nach Talenten für dein Unternehmen bist. Zwar gab es vor Jahren den Versuch, Xing internationaler zu machen – darum heißt Xing seit geraumer Zeit nicht mehr „OpenBusinessClub" beziehungsweise „OpenBC", was überhaupt nicht international klang... Ebenso wie LinkedIn kannst du Xing auch „nur" als digitales Adressbuch und Kommunikationsplattform benutzen. Wenn du jemanden über Xing anschreibst, ist klar, dass du ihr oder ihm in einem Businesskontext schreibst. Das macht es manchmal einfacher, Kontakt zu

Unternehmen oder Personen aufzunehmen, als diese per Mail anzuschreiben.

Eine Besonderheit von Xing sind die Upgrade-Optionen beziehungsweise Restriktionen. Beispielsweise gibt es zahlreiche Gruppen, die auf dem Invitation-only-Prinzip basieren, oder die Möglichkeit, Artikel direkt auf Xing zu veröffentlichen ist an die Bedingung gebunden, dass du ein News-Seiten-Admin bzw. Editor bist. Nichtsdestotrotz solltest du alle zur Verfügung stehenden Möglichkeiten nutzen, um dich mit deiner Expertise zu präsentieren. Auch Xing selbst kuratiert Bereiche, in denen Artikel von externen Schreibern und Experten zu bestimmten Themen erscheinen. In der Regel sucht sich die Redaktion Autoren und schreibt diese direkt mit konkreten Anfragen an. Meiner Erfahrung nach lohnt es sich aber, hier auch mal Texte proaktiv anzubieten. Selbst wenn es beim ersten Mal nicht klappt, hat man sich so schon mal ins Gespräch gebracht.

Mehr beziehungsweise den vollen Funktionsumfang erhältst du bei Xing gegen Aufpreis. Es gibt einen Premium-Account und spezielle Angebote für Unternehmen für die Job- und Mitarbeitersuche. Für wen sich die Bezahloptionen lohnen? Wenn du Xing nur als digitales Adressbuch nutzen willst, dann kommst du sicher auch mit der Basisversion aus. Wenn du als Basisnutzer schnell an Grenzen, also die sogenannten „Paywall", stößt und du merkst, dass du mehr Optionen möchtest, wäre das ein erster Anlass, darüber nachzudenken, ob du bereit bist, mehr in deine Netzwerkaktivität zu investieren. Vor allem lohnt sich die Premiumvariante aber für Menschen, die im Bereich HR arbeiten, Projekte organisieren und Freelancer dafür rekrutieren müssen oder für Menschen, die regelmäßig große Events organisieren.

Twitter

Inzwischen kann ich sagen, dass ich Twitter als Networking-Tool unglaublich schätze. Hier tummeln sich alle, die im engsten und im weitesten Sinne einen journalistischen Ansatz verfolgen. Ich nutze Twitter beispielsweise gerne, um Veranstaltungen parallel ins Netz zu verlängern. Hier folge ich aber auch allen Unternehmen, die mich interessieren, und allen Menschen, die ich inspirierend finde und zu denen ich Kontakt herstellen will. Dadurch, dass Twitter dieses unnachahmliche Echtzeit-Gefühl herstellt, habe ich den Eindruck, dass auch sonst der Kontakt zu Usern sehr direkt, unverfälscht und vor allem schnell möglich ist. Darüber hinaus ist Twitter eine Content-Maschine. Dir gefällt ein Artikel, dann teile ihn hier und sage am besten, warum du ihn gut findest. Hier gehören aber auch alle anderen Formen von Content her: Statistiken, Infografiken, Videos, Bilder – aber die Hauptsache ist: Deine Meinung dazu darf nicht fehlen. Hier darf es auch kontrovers zugehen und nie vergessen: Humor siegt immer! Aber auch das gehört zur Wahrheit: Auf Twitter funktioniert nicht jeder Inhalt gleich gut. Eindeutige Regeln, was geht und was nicht, gibt es aber nicht. Ausnahmen bestätigen vielmehr die Regel. Lass dich am besten von anderen inspirieren und probiere eine Zeit lang aus, was für dich am besten funktioniert. Welcher Content der „richtige" ist, hängt extrem stark von deinen Followern ab.

Instagram

Instagram empfehle ich an dieser Stelle vor allem deswegen, weil es anders als die bisherigen Plattformen funktioniert. Es ist ganz und gar auf visuelle Kommunikation ausgelegt. Zudem ist die Funktionsweise sehr einfach, um nicht zu sagen beschränkt. Eigentlich stehst du nur vor der Wahl, ein oder mehrere Bilder zu posten oder eine Story. Beide Formen der visuellen Kommunikation bringen spezielle Herausforderungen mit sich. Insbesondere wenn Unternehmen einen Instagram-Account betreiben, sollten sie darauf achten, dass die Bilder einen gewissen Wiedererkennungseffekt hervorrufen. Die Schwierigkeit besteht darin, die Balance zu finden, sowohl ein Konzept von Corporate Identity zu haben und gleichzeitig Content zu teilen, der unterhaltsam oder informativ ist. Niemand folgt freiwillig einem Unternehmen, das nur langweilige Hochglanzportraits seiner Mitarbeiter oder der neuen Firmenzentrale postet. Im Zweifelsfall kann man hier mit Humor punkten oder Instagram tatsächlich als Plattform nutzen, etwas zu zeigen, dass sonst so nirgendwo sichtbar werden könnte. CEOs wie Tim Höttkes oder John Legere von Telekom beziehungsweise T-Mobile lassen ihre Follower live bei der Veröffentlichung der Quartalszahlen dabei sein oder erklären, wie das perfekte Steak zubereitet wird. Will heißen: Alles ist erlaubt, solange es nicht so wirkt, als wäre Instagram der verlängerte Arm der Abteilung für Presse- und Öffentlichkeitsarbeit.

Alternativ zu Bildern oder kurzen Videos kann bei Instagram auch eine „Story" erstellt werden. Eine Story kann sowohl ein kurzes Video, eine Animation oder eine Serie von Videos sein. Die Besonderheit im Vergleich zum „normalen" Posten von Bildern: Eine Story wird automatisch nach 24 h wieder gelöscht. Umso wichtiger ist es, sich zu überlegen, wie man dieses Tool einsetzt. Stell dir einfach die Frage, was dich dazu bringen würde, eine Story anzuschauen. Im Grunde sind die Insta-Stories wie eine Daily Soap. Es geht darum, ganz Alltägliches zu zeigen, allerdings so, dass es nicht zu banal und nicht zu überfordernd wirkt. Der Reiz an der Sache ist klar: Es geht um relativ unverfälschte, direkte Einblicke in den Alltag anderer Menschen. Und wer möchte nicht mal einer bzw. einem CEO bei ihrer/seiner Arbeit über die Schulter blicken?

Der Ansatz und die zum Teil beschränkten Möglichkeiten auf Instagram bringt Vor-, aber auch Nachteile mit sich. Ich persönlich finde, dass die Vorteile überwiegen und die ungebrochene Beliebtheit des Netzwerks – vor allem auch im Business-Bereich – beweist, dass es sich lohnt, Instagram zumindest einmal auszuprobieren. Dazu musst du dir zunächst klar machen, wozu du Instagram einsetzen kannst und vor allem, zu welchem Zweck es sich *nicht* eignet. Instagram eignet sich wunderbar dazu, einen Blick hinter die Kulissen zu gewähren (Abb. 11.1 und 11.2).

Allerdings gibt es auch Grenzen, was man sinnvoll über Instagram kommunizieren kann. So brauchst du erst gar nicht versuchen, über Instagram Texte zu posten und auch die Kommentare spielen nicht eine ähnlich prominente

Abb. 11.1   Unter @claas_careers bietet der Maschinenhersteller auf Instagram einen Blick hinter die Kulissen. (Foto: Claas)

Rolle wie bei anderen Plattformen. Wenn du auf andere Inhalte wie deinen Blog aufmerksam machen möchtest, sollte Instagram ebenfalls nicht die erste Wahl sein. Dort lassen sich Links nicht (oder nur sehr umständlich) einbinden.

Abb. 11.2 Corporate Identity und Humor gehen Hand in Hand. (Foto: Claas)

Was sagst du zu meinem Post von heute Nacht?

Egal, für welche Plattform du dich letztlich entscheidest, es gibt für jeden Kanal Regeln und Erfahrungswerte für den perfekten Zeitpunkt, zu dem du aktiv werden solltest. Wenn du nachts um 2 Uhr postest, weil du deine Social-Media-Aktivität bis zuletzt aufgeschoben hast, darfst du dich nicht wundern, wenn du damit niemanden erreichst. Das ist natürlich sehr pauschal gesprochen. Wenn du einen längeren Text veröffentlichst, spielt es eine untergeordnete Rolle, wann exakt du ihn veröffentlichst. Ein Tweet oder ein Post bei LinkedIn geht aber schon mal unter, wenn du ihn zu einer Zeit absendest, in der die meisten Menschen schlafen … Natürlich sind inzwischen Algorithmen am Werk, die darüber entscheiden, was du siehst. Bei Instagram wirkt sich das am deutlichsten aus. Dort gibt es schon seit längerem keine chronologische Darstellung auf der Timeline mehr. Nicht immer logisch nachvollziehbar, sortiert der Algorithmus die Beiträge nach Beliebtheit, Hashtags sowie deinen Interessen und Reaktionen. Das heißt aber auch: Instagram geht eigentlich immer!

Bei Plattformen wie Twitter, LinkedIn und Xing ist die Sortierung durch Algorithmen noch nicht so stark ausgeprägt. Darum gibt es für diese Netzwerke auf Faustformeln basierende Zeiten, zu denen du posten solltest. Ein wichtiger Hintergrund für diese Zeiten sind auch die Zugriffsgewohnheiten. Twitter wird verstärkt in Situationen genutzt, in denen es schnell gehen muss. In der U-Bahn, in der Kaffeepause oder vor einem Meeting. LinkedIn und Xing wird eher um die Mittagspausen herum aufgerufen, bevor man sich wieder in die Arbeit stürzt oder wenn noch ein paar Minuten Leerlauf zu überbrücken sind wie kurz vor Feierabend. Auf dem „Stundenplan" kannst du dir eine Orientierung verschaffen, wann du am besten auf welchem Kanal aktiv bist (Abb. 11.3).

Wie viel Zeit solltest du in die digitalen Netzwerke investieren?

Eng verknüpft mit der Frage, wann du am besten posten sollst, ist die Frage, wie viel Zeit du insgesamt bereit bist,

Abb. 11.3 Die besten Zeiten zum Posten im Überblick. (Grafik: Tijen Onaran)

in deine Networking-Aktivität zu investieren. Je nachdem, wie dicht die Termine in deinem Kalender sind, macht es Sinn, dass du dir feste Zeiten für die Pflege deiner digitalen Netzwerke einplanst. Es ist aber auch immer ein Stück weit eine Typfrage. Bei mir persönlich ist das beispielsweise relativ fließend, da ich die digitalen Netzwerke großartig finde, bin ich auch jeden Tag aktiv. Oft mehrfach. Meine Empfehlung ist: Werde mindestens zweimal am Tag aktiv. Einmal am Morgen, um zu sehen, welche Themen gerade aktuell sind und ob konkrete Anfragen an dich da sind. Ein zweites Mal dann am Nachmittag oder Abend, um zu sehen, wie sich bestimmte Themen entwickelt haben, ob es Antworten auf deine Posts gab oder um selbst noch einmal zu antworten.

Solche Empfehlungen sind natürlich immer auch von der Strategie und der eigenen Situation abhängig. Zu Zeiten, in denen man dabei ist, sein Netzwerk strategisch zu erweitern, macht es natürlich Sinn, aktiver zu sein. Gleichzeitig sind gerade die digitalen Netzwerke sehr dynamisch, sodass du schnell aus der Timeline bzw. dem Feed verschwindest, wenn du nicht aktiv bleibst. Networking nimmt aber, sobald es dir in Fleisch und Blut übergegangen ist, nicht so viel Zeit in Anspruch. Falls du die Apps der Social Networks auf dem Smartphone hast, kannst du deinen Account im Prinzip von überall aus pflegen. Außerdem kannst du dir in Deinem Tagesplan Networking-Zeit einplanen. Blocke dir dazu am besten morgens eine halbe Stunde, in der du Leute über Netzwerke kontaktierst und dein Netzwerk pflegst.

Social Networking ist nicht gleich Social Selling

Eines der Leitthemen von vielen Beiträgen, Büchern und Tipps zum Thema Networking dreht sich um das Thema Social Selling. Die Idee ist einfach: Am Ende des Tages wollen wir alle etwas verkaufen. Unsere Arbeitskraft, unser Produkt, unsere Dienstleistung. Networking ist das Mittel zum Zweck, um das zu erreichen. Je besser du im Netzwerken bist, desto besser kannst du verkaufen. Ich finde allerdings, dass dies die schlimmste Auslegungsform von Networking ist. Natürlich bringt ein gutes Netzwerk berufliche Chancen und die Möglichkeiten für Kooperationen mit sich. Auch ich habe bei meinem Schritt in die Selbstständigkeit zunächst einmal mein eigenes Netzwerk durchgeschaut und so meine ersten Kunden rekrutiert. Allerdings verfolgt jemand, dessen primäres Ziel ist, etwas zu verkaufen, eine grundlegend andere Strategie als jemand, der sich ein nachhaltiges Netzwerk aufbauen möchte. Sobald der Fokus beim Networking auf Marketing und Selling gesetzt wird, verändert sich die Art, wie du mit deinen Kontakten interagierst und es verändert sich der Content, den du mit deinem Netzwerk teilst. Anstatt über dich und deine Themen schreibst du über dein Produkt oder deine Dienstleistung. Der Unterschied mag manchem marginal oder haarspalterisch erscheinen – aber was sich durch die minimale inhaltliche Verschiebung maximal verändert, ist die Tonalität und damit ändert sich etwas Entscheidendes.

Wie geht man mit schlechtem Feedback oder einem Shitstorm um?

Wie im echten Leben musst du im Netz deine eigenen Spielregeln definieren. Das gilt vor allem dann, wenn es mal Gegenwind gibt. Leider ist es so sicher wie das Amen in der Kirche: Wenn du dich in die Welt der Social Media begibst, wirst du unter Garantie Menschen begegnen, die dir schlechtes Feedback geben, die dich hart angehen und Kritik an deiner Meinung oder dir persönlich äußern. Wenn es ganz schlecht läuft, kann sogar ein Shitstorm über dich hereinbrechen. Wie du in dieser Situation reagierst, hängt von zwei Faktoren ab. Zum einen davon, wie die Kritik formuliert ist, und zum anderen davon, wie du dir vorgenommen hast, auf Kritik zu reagieren.

Wenn deine Spielregel lautet, dass du mindestens ebenso harsch zurückschießt wie du selbst angegangen wurdest, wirst du mit Austeilen ziemlich beschäftigt sein. Meine Empfehlung ist, unsachliche Kritik zu ignorieren oder offiziell zu melden, sobald sie zu persönlich wird. Du solltest dir auf jeden Fall vorab überlegen, wo deine Grenzen sind.

Das folgende Beispiel zeigt, dass es nicht immer gleich die Eskalation sein muss, die zum Ziel führt, wenn eine Grenze mal überschritten wurde. Vor einiger Zeit hatte der Deutsche Frauenrat einen Tweet von mir retweetet. Wenige Augenblicke später bekam ich die Meldung, dass ich einen Kommentar bekommen habe. Ein Herr, der sich eindeutig als ein Anhänger der AfD zu erkennen gab, hat mir – durchaus Bezug nehmend auf das, was ich geschrieben hatte – empfohlen, dass wir Frauen doch gleich so wie Männer werden sollen und uns in diesem Zuge dazu noch gleich einen Bart zulegen sollen. Ich paraphrasiere natürlich ein klein wenig. Mein erster Impuls war, diesem Herrn meine Meinung zu geigen. Der zweite Gedanke war, ihn besser zu ignorieren, um ihm nicht den Triumph zu gönnen, dass er mit seiner verbalen Attacke etwas erreicht hat. Letztlich habe ich mich dann für etwas anderes entschieden und einen dritten Weg ausprobiert. Ich antwortete ihm freundlich, dass ich bereits einen Bart trage, seit ich 13 bin, und wahrscheinlich das der Grund für meinen Erfolg sei. Als Antwort folgte nur noch ein Smiley und damit war die Sache erledigt. Die Moral von der Geschicht': Humor ist manchmal die beste Waffe, um einen Shitstorm im Keim zu ersticken.

Trennung von beruflich und privat

Zu deinen Spielregeln sollte auch eine Regelung gehören, wie du es mit der Trennung von beruflichem und privatem Leben machst. Je nachdem, wie du dich hier entscheidest, macht auch die Trennung von beruflichen und privaten Netzwerken Sinn. Du kannst dich beispielsweise dafür entscheiden, Facebook für alle privaten Kontakte zu nutzen, während LinkedIn und Xing als deine beruflichen Adressbücher fungieren. Die prinzipielle Frage, die sich hinter dieser im Grunde formalen Frage verbirgt ist: Lassen sich die beruflichen und privaten Netzwerke überhaupt sinnvoll trennen? Ich selbst halte es so, dass aus beruflichen Kontakten sich gerne Freundschaften entwickeln können, dies aber nicht zwangsläufig so sein muss. Dass es nämlich passiert, dass sich aus einem „beruflichen" Kontakt eine Freundschaft entwickelt, ist bei einem Networking-Ansatz, der nicht auf Social Selling basiert, durchaus wahrscheinlich. Schließlich muss die Chemie zwischen zwei Menschen stimmen, damit man bereit ist, sich gegenseitig zu unterstützen. Wenn also beides zusammenkommt, das gegenseitige Vertrauen nicht missbraucht wird und sich Freundschaft und berufliche Zusammenarbeit nicht im Wege stehen, umso besser!

12

Introvertiert ist der neue Türöffner

Kürzlich wurde ich bei einem Networking-Event mit dem Satz angesprochen: „Hallo, darf ich dich ansprechen? Das ist nämlich heute meine persönliche Challenge!" Nachdem ich meine anfängliche Verwunderung über die Intro überwunden hatte, entwickelte sich aus der Begegnung ein sehr nettes Gespräch. Wie sich herausstellte, hielt sich die Person, die mich angesprochen hat, für introvertiert – auch wenn sie eigentlich in dem Moment bereits das Gegenteil bewiesen hat. Sie hatte sich vorgenommen, etwas dagegen zu unternehmen – was ihr damit auch sehr erfolgreich gelungen ist. Ehrlich gesagt habe ich großen Respekt vor Menschen, die es trotz ihrer Veranlagung schaffen, ihre Ängste und Unsicherheiten zu überwinden und Mut beweisen. Denn es gehört schon etwas Mut dazu, sich bei Veranstaltungen, bei denen man niemanden

© Springer Fachmedien Wiesbaden GmbH, ein Teil von Springer Nature 2019
T. Onaran, *Die Netzwerkbibel,*
https://doi.org/10.1007/978-3-658-23735-6_12

kennt, einfach so in eine Runde dazuzustellen, sich vorzustellen und mitzusprechen.

Um es zunächst einmal klarzustellen: Introvertiert zu
sein ist keine Krankheit, nichts, wofür man sich schämen
müsste, es ist nicht mal eine Schwäche. Genau genommen
ist Introvertiertheit sogar eine unterschätzte Eigenschaft,
die besonders fürs Networking wertvoll ist. Zudem ist diese
Eigenschaft zum einen sehr verbreiteter als man vielleicht
glauben möchte und zum anderen hindert sie Menschen
nicht daran, Erfolg zu haben. Das Buch von Susan Cain
„Still: Die Kraft der Introvertierten" untersuchte als eines
der ersten dieses Phänomen genauer. Dabei geht sie sowohl
auf die neusten Erkenntnisse der Hirnforschung ein als
auch auf gesellschaftliche Rahmenbedingungen – „Wie
die Extraversion zum gesellschaftlichen Ideal wurde" [1].
Zudem identifiziert sie erfolgreiche Introvertierte und
nennt Personen wie Gandhi, Darwin, Einstein oder auch
Bill Gates.

》 Wenn du dir schwer damit tust,
Menschen anzusprechen, nimm dir
bei jeder Veranstaltung vor, wenigs-
tens eine Person anzusprechen. Du
wirst sehen, dass es gar nicht so
schwer ist – und mit der Zeit wird es
immer einfacher!

Never lunch alone

Übung macht den Meister. Willkommen bei den größten Hits der Volksweisheiten. Wie so oft stimmt es in diesem Fall aber wieder mal. Wer sich selbst als introvertiert beschreiben würde und denkt, dass er kein Talent hat, bei Events Small Talk zu führen, sollte sich an ein paar prominente Stellen ein Post-it kleben, auf dem steht „Never lunch alone!" [2]. Selbst wenn ein Gespräch mal nicht so gut laufen sollte, ist das kein Problem – ein Mittagessen dauert maximal eine Stunde, hat ein „natürliches" Ende, weil man nun mal irgendwann einfach mit dem Essen fertig ist und in der Regel hat man Anschlusstermine, zu denen man muss. Zudem gibt es eigentlich immer genug Gesprächsstoff, wenn ansonsten das Gespräch nicht so richtig in Gang kommt. „Das Wetter ist schön, toll, dass man draußen sitzen kann", „Was isst du sonst gerne?", „Kennst du das Restaurant X schon?", und und und… Wenn du das fünfmal die Woche machst, wirst du nach der kürzesten Zeit sehen, wie bereichernd diese Institution ist. Jeden Tag eine neue Geschichte, jeden Tag ein neuer potenzieller Kontakt und vielleicht kannst du dem Lunch-Date von Mittwoch dein Lunch-Date von Montag empfehlen, weil sie beide zufällig an einem gemeinsamen Thema arbeiten. Und zack, bist du mitten drin im Networking-Geschehen. Kleiner Nebeneffekt: Du lernst die tollsten Restaurants in deiner Umgebung und deiner Stadt kennen und kannst deine Erfahrungen mit deinen Followern auf Instagram teilen!

Warum Introvertierte die besseren Gesprächspartner sind

Meine These ist, dass introvertierte Menschen allein deswegen die besseren Gesprächspartner sind, weil sie von ihrem Wesen her oft viel empathischer sind als extrovertierte Menschen. Wer von Grund auf selbstsicher und extrovertiert auftritt, macht sich häufig weniger Gedanken darüber, was andere denken, welche Themen für sie wichtig sein könnten oder ob es Berührungspunkte zu den eigenen Standpunkten gibt. Schon allein deswegen, weil die Dynamik eines Gesprächs eine andere ist. Damit fängt es aber erst so richtig an. Sylvia Löhken listet in ihrem Buch „Leise Menschen – starke Wirkung" [3] eine ganze Reihe von Eigenschaften auf, die Introvertierte auszeichnet und die ihnen Vorteile bringen:

- Vorsicht
- Substanz
- Konzentration
- die Fähigkeit, zuzuhören
- Ruhe
- analytisches Denken
- Unabhängigkeit
- Beharrlichkeit
- schreiben (statt reden)
- Einfühlungsvermögen

Im Gegensatz dazu gibt es laut Löhken allerdings auch eine Reihe von Eigenschaften, die introvertierte Menschen daran hindern können, das zu tun, was sie gerne möchten:

- Angst
- Kleinteiligkeit
- Übersimulation
- Passivität
- Flucht
- Verkopftheit
- Selbstverleugnung
- Fixierung
- Kontaktvermeidung
- Konfliktscheu

Gerade diese Hemmnisse halten Introvertierte manchmal davon ab, Situationen zu nutzen, die ihnen einen Vorteil bringen würden. Networking nimmt hier insofern eine Sonderstellung ein, weil viele Events und Gelegenheiten diverse Trigger bereithalten, die Eigenschaften wie die Tendenz zur Kontaktvermeidung, Passivität oder gleich den Fluchtreflex auslösen. Darum gilt: Vorbereitung ist alles! In der Regel ist bei Events im Vorfeld klar, um welche Inhalte es gehen wird. Perfekt für analytisch veranlagte Menschen wie Introvertierte, die sich zudem noch gut konzentrieren können! Wer sich vorab mit den Inhalten beschäftigt, wird sehr leicht Zugang zu den Teilnehmern finden und bei Gesprächen mitreden können. Mehr noch: Da sich introvertierte Menschen in der Regel intensiver mit den Themen beschäftigen, werden ihre Standpunkte sehr viel differenzierter und fundierter sein, was es umso interessanter macht, sich mit ihnen darüber auszutauschen. Introvertierte sind die besseren Gesprächspartner!

Warum Introvertiertheit keine Ausrede ist

Gerade heute im Zeitalter der Digitalisierung gibt es einen weiteren Grund, warum der Stempel „introvertiert" nicht mehr als Ausrede herhalten kann, sich dem Networking zu verweigern. Dank der digitalen Networking-Plattformen gibt es heute zahlreiche Möglichkeiten, die ein Setting bieten, in denen viele Hindernisse, die Introvertierte davon abhalten, mit anderen Menschen in Kontakt zu treten, einfach keine Rolle spielen. Zu Hause oder in einem Café befindet man sich auf jeden Fall in einem geschützten Raum. Was Introvertierten sonst als Schwäche erscheint, wird hier zu ihrer Stärke. Die digitalen Kanäle sind darum der beste Ort, um mit dem Networking anzufangen. Ich selbst nutze diese Möglichkeit übrigens fast standardmäßig, wenn ich mit Personen, die ich toll finde oder deren Geschichten mich interessieren, in Kontakt zu treten. Hier ist es sehr viel leichter, gemeinsame Themen und Interessen zu identifizieren. An dieser Stelle möchte ich es noch mal wiederholen: „Never lunch alone!"

Devora Zack betont in ihrem Buch „Networking für Networking-Hasser: Sie können auch alleine essen und erfolgreich sein" [4] (das mit dem alleine essen sehe ich bekanntlich anders), dass das Networking, das Introvertierte betreiben, tatsächlich nachhaltiger ist. Die Fähigkeit, bei Veranstaltungen offen auf Menschen zuzugehen, mache einen nicht automatisch zum guten Netzwerker. Entscheidend ist der nächste Tag. Was machst du aus einem Treffen? Was machst du für deine Kontakte? Die Antwort auf diese Frage hat nichts damit zu tun, ob du introvertiert oder extrovertiert bist. Zack betont aber nicht nur, welche Bedeutung die Nachbereitung hat, sondern hat auch einige wertvolle Tipps für die Vorbereitung parat. Sie empfiehlt Introvertierten beispielsweise, sich freiwillig als Helfer für Veranstaltungen und Events zu melden. So hast du eine feste Funktion, bist vielleicht sogar Ansprechpartner für die Teilnehmer und verfügst über Informationen, die es dir einfacher machen, Menschen anzusprechen. Und noch einen weiteren praktischen Hinweis von Zack finde ich extrem hilfreich: Introvertierte kommen oft gezielt zu spät zu einer Veranstaltung, weil sie glauben, dass sie so unangenehmen Situationen aus dem Weg gehen. Dieses Verhaltensmuster sollte man unter allen Umständen durchbrechen. Allein aus dem Grund, weil man das Gegenteil von dem erreicht, was man sich eigentlich davon erhofft. Wenn du zu spät kommst, bist du erst recht die Person, von der niemand etwas weiß und auch du weißt von niemandem etwas. Ganz anders sieht es aus, wenn du zu den ersten gehörst, die da sind. Du hast ausreichend Zeit für Gespräche, andere kommen eher auf dich zu und du hast später einen Punkt, an dem du anknüpfen kannst. Jetzt kommt die schlechte Nachricht – ja, ihr habt es gewusst: all das sind Vorteile, aber das macht es nicht einfacher, sich zu überwinden, um rechtzeitig zu Veranstaltungen zu gehen. Wahrscheinlich werden introvertierte Menschen sich sogar immer schwerer tun, ihre instinktive Hemmung zu überwinden und der einzige Trost, den ich euch anbieten kann, ist nur, dass diese Strategie tatsächlich mehr Vorteile bietet als die intuitiv „richtige". Und im Nachgang ist es sehr viel leichter, Kontakte zu pflegen, wenn man mehr Anknüpfungspunkte hat und weil man längere, entspannte Gespräche geführt hat.

Warum Introvertierte unbedingt mit dem Netzwerken anfangen sollten

Zum Netzwerken gehört Mut. Es ist nicht einfach, sich mit seiner Meinung und seinen Überzeugungen in der Öffentlichkeit zu positionieren. Wer sichtbar wird, macht sich angreifbar. Es gehört auch Mut dazu, jemanden anzusprechen, den oder die man überhaupt nicht kennt. Letzteres wird wie gesagt einfacher, wenn du gut vorbereitet bist. „Ich habe deinen Text über das Thema X gelesen und finde, dass du total recht damit hast!" oder „Dein Vortrag war wirklich super, aber zu einem Punkt muss ich dir unbedingt noch was sagen…" Situationen, die vielleicht ohne so einen Opener unangenehm sein könnten, werden sich zu einem ganz natürlichen Gespräch entwickeln. Gerade am Anfang und gerade für Introvertierte gehört darum besonders viel Überwindung zum Netzwerken dazu. Aber, und hier kommt auch mal am Ende doch noch eine gute Nachricht: Networking selbst ist die Therapie! Je öfter man es schafft, die eigenen Ängste zu überwinden, je mehr man also ins Networking investiert, desto besser werden die Beziehungen, die man aufbaut, desto größer wird das Vertrauen in diese Beziehungen und das Vertrauen in sich selbst und die eigenen Fähigkeiten. Wer also in Zukunft sagt „Ich bin nicht fürs Netzwerken gemacht, weil ich introvertiert bin" muss gerade aus diesem Grund mit dem Netzwerken anfangen.

Challenge Nummer 10: Vorbereitung ist alles
Nimm dir vor, eine Veranstaltung zu besuchen und dort eine Person kennenzulernen, die dein Netzwerk sinnvoll erweitern

könnte. Die Schwierigkeit dabei ist, nicht einfach irgendjemand zufällig anzusprechen. Bereite dich vielmehr vor. Das Geheimnis bei der Sache ist, einen gesunden Mix aus Planung und Zufall zu finden. Bestimmte Dinge solltest du bei der Planung aber unbedingt beachten. Frage dich, wer die Zielgruppe der Veranstaltung ist, wer kommt potenziell dorthin – manchmal gibt es sogar vorab Teilnehmerlisten online. Informiere dich über die Referentinnen und Referenten und recherchiere, zu welchen Themen sie sprechen und finde deine eigene Haltung dazu. Dann kommt der Zufall ins Spiel, dem du auf jeden Fall bewusst Raum geben solltest, um selbst entspannt an die Sache heranzugehen. Du wirst sehen, so lernst du Menschen bei Veranstaltungen kennen, die du vielleicht gar nicht auf dem Schirm hattest, und bist offen für Begegnungen mit diesen.

Literatur

1. Cain S (2011) Quiet. The power of introverts in a World that can't stop talking. The Crown Publishing Group, New York. Deutsch: Dies. (2013) Still. Die Kraft der Introvertierten. Goldmann, München
2. Ferrazzi K (2014) Never eat alone: and other secrets to success, one relationship at a time. Currency, New York
3. Löhken S (2015) Leise Menschen – starke Wirkung. Wie sie Präsenz zeigen und Gehör finden. Piper, München
4. Zack D (2010) Networking for people who hate networking: a field guide for introverts, the overwhelmed, and the underconnected. Berret-Koehler Publishers, San Francisco. Deutsch: Dies. (2012) Networking für Networking-Hasser: Sie können auch alleine essen und erfolgreich sein. Gabal. Offenbach

13

Hinfallen, Aufstehen, Weitermachen. Vom positiven Umgang mit Fehlern

Erfolge und Misserfolge – eine Problemgeschichte

Wir wachsen in einer Kultur auf, die sowohl mit Erfolgen als auch mit Misserfolgen ein Problem hat. Haben wir Erfolg, dürfen wir nicht zu sehr damit angeben. Es könnte Neider geben, die einem den Erfolg nicht gönnen. Haben wir jedoch Misserfolge, dürften wir diese auch nicht wirklich ausleben, da sie Schwäche und fehlendes Können signalisieren. Nur irgendwo in der Mitte dürfen wir uns wirklich wohl fühlen. An dieser Situation stimmt etwas nicht und es ist höchste Zeit, etwas zu verändern. Wir müssen sowohl lernen mit Erfolgen besser umzugehen als auch mit Misserfolgen. Das gilt sowohl für uns persönlich als auch für Unternehmen.

© Springer Fachmedien Wiesbaden GmbH, ein Teil von Springer Nature 2019
T. Onaran, *Die Netzwerkbibel*,
https://doi.org/10.1007/978-3-658-23735-6_13

Eine positive Fehlerkultur zu entwickeln ist für Unternehmen zunächst kein reines Networking-Thema, sondern einer der Schlüssel, um mit den Herausforderungen des digitalen Wandels zurecht zu kommen. Ich würde allerdings argumentieren, dass die Entwicklung einer positiven Fehlerkultur nur gelingt, wenn ein entsprechendes Verständnis von Networking und vor allem eine entsprechende Praxis davon etabliert ist. Denn Fehler wirken sich negativ auf die Karriere aus und im schlimmsten Fall bedeuten sie Jobverlust. Darum erzählen wir unseren Kontakten auch nicht, wenn mal etwas schief läuft. Aber auch mal scheitern zu dürfen allein genügt nicht. Fehler müssen auch Raum bekommen, um aus ihnen zu lernen. In der Start-up-Szene wird dies beispielsweise in Formaten wie Fuck-up-Nights zelebriert, wo Gründerinnen und Gründer von ihren misslungenen Versuchen erzählen, Geschäftsideen in funktionierende Unternehmen zu verwandeln. Die Idee dahinter ist einfach: Wenn wir es schaffen, auch die Geschichten vom Scheitern miteinander zu teilen, müssen nicht alle den gleichen Fehler immer wieder machen, nur weil sie auch mal scheitern dürfen. Bei einer positiven Fehlerkultur geht es auch darum, Fehler offen zeigen zu dürfen, ohne dass einem gleich ein Stigma anhaftet. Sichtbarkeit ist darum ein wesentlicher Bestandteil einer positiven Fehlerkultur.

Sichtbar zu sein heißt, angreifbar zu sein

In einer Welt, in der Unternehmen immer mehr und mehr auf Netzwerke, auf Botschafterinnen und Botschafter für Themen setzen, spielen auch die Themen Mut und Diversität eine immer größere Rolle. Mut bedeutet in diesem Zusammenhang, für Themen zu stehen, sichtbar zu werden und diese Themen auch gegen andere Meinungen zu vertreten. Diversität wiederum heißt, andere Ansichten und Überzeugungen auszuhalten, gemeinsam zu diskutieren und eben auch auszuhalten, wenn es Menschen gibt, die nicht die gleiche Meinung teilen. Netzwerke und Unternehmen brauchen Diversität. Nur so werden aus ihnen lebendige Konstrukte und nur so kann ein innovatives Umfeld entstehen. Wenn alle immer derselben Meinung sind oder immer jemand den Raum verlässt, wenn eine andere Person eine andere Meinung als die eigene vertritt, kann nichts Neues oder Innovatives entstehen. Ideen brauchen Austausch, Widerspruch und Gegenvorschläge. Erst wenn ein Netzwerk es schafft, eine gute Kommunikationskultur zu etablieren, in der es sich lohnt, den Mut zu haben und seine Meinung zu präsentieren, kann etwas Wertvolles aus ihnen entstehen.

Daher ist für mich eine der größten Herausforderung beim Austausch in Netzwerken nicht unbedingt das Wer, sondern eher das Wie. Sprich: Die Gesichter sind das eine, aber deren Mut viel ausschlaggebender. Denn sobald ich auf einem Panel sitze, im Netz meine Meinung und Ansichten verbreite, mache ich die Tür zu meiner

Persönlichkeit ein Stückchen weiter auf. Dazu gehört immer ein Stück Mut – ganz gleich wie oft oder wie lange man das schon macht. Dieser Mut sollte auf keinen Fall bestraft werden.

Helden dürfen auch mal scheitern

Wenn in einem Netzwerk, in einem Unternehmen oder auch nur bei einer Veranstaltung auf diese Weise ein sicherer Raum entsteht, in dem von Ereignissen und Episoden erzählt werden darf, die einen nicht im besten Licht erscheinen lassen, ist schon viel gewonnen. Eines meiner größten Learnings in diesem Zusammenhang ist: Perfektion hemmt. Beispielsweise kommt es auf Panels, in Talkrunden oder auch im Netz immer anders, als man denkt. Deshalb kann ich raten, die Perfektion zu Hause zu lassen. Fehler zu machen und mit Humor darauf zu reagieren ist viel ratsamer, als den Kopf in den Sand zu stecken. Wer mutig ist und etwas wagt, darf auch mal scheitern. Genau dieses Motiv lieben wir doch auch bei Heldengeschichten. Gerade der kleine Makel macht Filmhelden menschlich und nahbar. Wir sehen, dass sie ganz normale Gefühle und Gedanken haben, dass sie mit ihrer Rolle hadern und dass auch sie Fehler machen. In der Folge können wir uns dann umso besser in sie einfühlen, sie zum Vorbild nehmen, weil sie nicht einfach nur Helden sind und deswegen alles perfekt machen, sondern weil auch sie mit sich und den Umständen ringen müssen. Auf der Bühne, in den sozialen Netzwerken oder bei einer Veranstaltung ist das nicht anders. Menschen lieben Geschichten von Menschen, die so sind wie sie selbst und die davon berichten, wie das Leben nun mal so ist. Nicht perfekt! Genau das gilt auch für diejenigen Unternehmen, die ihre Mitarbeiterinnen und Mitarbeiter sichtbar machen wollen. Das gilt aber auch für diejenigen, die an ihrer sogenannten „Personal Brand" arbeiten. Nichts ist langweiliger, als wenn alles glänzt und poliert ist. Viel spannender ist Hinfallen, Aufstehen und Weitermachen!

Apropos Filmhelden: „You can be your own superwoman!" rief uns die Umweltaktivistin und Autorin Erin Brockovich zu, als ich mit 300 anderen Frauen in einem Konferenzraum in Minneapolis saß und ihren Worten lauschte. „The real Erin Brockovich", wie sie sich uns vorstellte. Eine Stunde lang sprach sie fast frei, humorvoll und schlagfertig über Empowerment. Die positive Stimmung im Saal übertrug sich auf mich, wenngleich ich zeitweise kurz überlegen musste, ob ich vielleicht in einem amerikanischen Hollywoodfilm gelandet bin. Ein Hauch zu viel Drama, zu viele Emotionen und zu viel „amazing". Es ist, als ob die Frauen im Raum den spröden Konferenzraum mit all ihrer Begeisterung und dem tosenden Applaus zu mehr Glanz verhelfen wollen und es auch können. Von dieser Art, Erfolge zu feiern und auch das zum Erfolg zu machen, was für andere vielleicht eine Selbstverständlichkeit ist, können wir viel lernen. Als ich früher eine schlechte Note nach der anderen in Mathe nach Hause brachte, sagte meine Mutter immer: „Eine 5? Na ist doch gut, besser als eine 6. Nächstes Mal wird es eine 4!" Heute kann ich es getrost zugeben: Mathe wurde nie zu meiner Königsdisziplin. Zu dem Zeitpunkt gab es auch noch nicht die besagte App Math42 – wer weiß, welches Mathegenie ich geworden wäre. Was mich die Einstellung meiner Mutter aber gelehrt und mich immer geprägt und immer begleitet hat: Erfolg kann auch sein, sich von seinen Misserfolgen nicht entmutigen zu lassen. Weitermachen lautet die Devise!

Bereite dich auf das Schlimmste vor

Um weitermachen zu können, brauchen wir Strategien, um mit weniger erfreulichen Strategien umzugehen. Eine der wichtigsten Lektionen, die ich in diesem Zusammenhang aus der Politik mitnehmen konnte, hat mit Krisensituationen zu tun. Die Frage lautet: „Wie gehen wir gut mit Krisen um?" Die Antwort auf diese Frage ist aber nicht nur für das politische Leben entscheidend.

Die Salami-Taktik passt in Zeiten von Social Media nicht

In den Jahren, in der ich in der Politik gearbeitet habe, waren die Plagiat-Jäger unterwegs. Ihr Jagdrevier zog sich von erlesenen Romanen bis zur drögen Doktorarbeit. Besonders die Doktorarbeiten von Politikern wurden unter die Lupe gezerrt und auf Herz, Nieren und ihre wissenschaftliche Güte geprüft. Es war eigentlich alles dabei: Manche Fälle waren eindeutig, manche Fälle waren strittig und manche Fälle wurden sicher auch nur wegen des politischen Spektakels aufgeblasen. Interessant fand ich in diesem Zusammenhang aber vor allem die unterschiedlichen Taktiken derjenigen, die betroffen waren. Eine der Taktiken, die immer wieder zu beobachten war, aber auch nicht besser wurde, weil sie jetzt noch mal jemand verwandte, war die sogenannte Salami-Taktik. Stück für Stück, bzw. Scheibchen für Scheibchen wurde die Wahrheit da serviert. Das hatte vor allem einen Effekt: Die Glaubwürdigkeit der Personen schwand immer weiter. Aufgrund meiner Erfahrung aus erster Hand kann ich nur dazu raten, von Anfang an und sofort die Karten auf den Tisch zu legen. Es ist weder den Schaden wert, der entsteht, wenn es am Ende doch herauskommt, als auch die Energie, die nötig ist, um etwas zu vertuschen.

>> Und immer daran denken: An nichts kann man sich so schwer erinnern wie an eine Lüge.

Krisenkommunikation aus Storytelling-Perspektive

Ich betrachtete die Frage, wie man mit negativen Aspekten der eigenen Vita oder Enthüllungen umgeht, aus einer Social-Media bzw. Networking-Perspektive. Konkret geht es um das Thema Storytelling. Es ist immer besser, selbst die Geschichte zu erzählen, als es anderen zu überlassen, das zu tun. Nur so hast du die Möglichkeit, das Narrativ selbst zu kontrollieren. Du kannst am besten erklären, warum du dich auf eine bestimmte Weise verhalten hast.

Wenn jemand anderes deine Geschichte erzählt, wird er sie so erzählen, wie er sie von außen betrachtet.

Während meiner Zeit in der Politik gab es immer vor jedem Wahlkampf einen Check-up. Als Kandidat musst du dich fragen: Welche Leichen hast du im Keller? Was ist in deinem Privatleben, während der Schulzeit oder im Berufsleben passiert, auf das du vielleicht nicht so stolz bist? Wenn du dir diese Fragen ehrlich beantwortest, bist du zum einen selbst auf alles vorbereitet. Wenn du mit einer unangenehmen Geschichte konfrontiert wirst, fällst du nicht gleich aus allen Wolken. Dabei geht es mir an dieser Stelle auch gar nicht ausschließlich darum, dass es aus einer moralischen Perspektive heraus besser ist, die Wahrheit zu sagen. Davon bin ich zwar auch überzeugt, aber mir geht es vor allem um Nachhaltigkeit. Ich frage mich: Was bringt es dir langfristig, wenn du dich in einem Krisenmoment aus welchem Grund auch immer dazu entscheidest, nur unter Zwang oder nur Stück für Stück mit der Wahrheit herauszurücken. Oder noch schlimmer: Was bringt es dir langfristig, wenn du dich dazu entschließt, nicht zur Wahrheit zu stehen oder du dir die Vergangenheit so zurechtbiegst, dass du mit einer weißen Weste dastehst? Meiner Meinung nach führt die Strategie der Selbstverklärung nicht dazu, dass man langfristig Erfolg hat. Und meine Erfahrung hat mir gezeigt, dass die Personen, die nicht zu ihrer Geschichte und ihren Taten stehen, auf kurz oder lang ihre Reputation verlieren und nicht mehr weitermachen können.

Was ich mindestens ebenso wichtig finde wie die Ehrlichkeit einem selbst gegenüber ist die Ehrlichkeit gegenüber deinem Team. Es ist denjenigen gegenüber, die für dich arbeiten oder die für dich kämpfen nicht nur ein schlechter Stil, sondern auch demotivierend, wenn sie Geschichten aus der Presse oder, wie in der Politik recht üblich, dem gegnerischen Lager erfahren. Genauso wie es sich langfristig lohnt, sich selbst gegenüber ehrlich zu sein, lohnt es sich, dem eigenen Team oder den eigenen Mitarbeitern gegenüber ehrlich zu sein. Die Wahrscheinlichkeit, dass man diese mit seinem eigenen Verhalten in eine Lage bringt – gewollt oder ungewollt – für dich zu lügen, ist hoch und schadet einem selbst und dem Vertrauen innerhalb von Unternehmen oder Organisationen.

Ganz anders läuft es, wenn du dir deine eigene Geschichte aneignest, sie so erzählst, wie du sie erlebt hast, ohne dich selbst zu verklären, und sie mit deinen engsten Vertrauten und deinem Netzwerk teilst. Das bedeutet genauer gesagt, das eigene Netzwerk schon einzubeziehen, bevor irgendwas ans Licht der Öffentlichkeit gekommen ist. Nur so können sich alle Beteiligten auf alle Eventualitäten vorbereiten und werden nicht aus heiterem Himmel mit einer Geschichte konfrontiert, die sie nicht erklären können. Verlegenes, peinliches Stottern ist aus Storytelling-Perspektive immer der Hinweis darauf, dass hier etwas nicht stimmt. Die kritischen Nachfragen kommen dann unter Garantie. Das eigene Netzwerk einzubeziehen ist der erste Schritt dazu, nach einer Krise weitermachen zu können. Ein realer Fall zeigt, dass es dafür auch nie zu spät ist. Denn auch wenn er in vielerlei Hinsicht bei diesem Thema kein gutes Beispiel ist, hat sich Karl Theodor zu Gutenberg heute seine Geschichte zueigen gemacht. Er geht humorvoll damit um und hat inzwischen reinen Tisch gemacht. Ich bin mir auch sicher, dass er in Zukunft bei einem ähnlichen Fall seine Vertrauten frühzeitig einweihen würde. Denn kaum etwas schadet der eigenen Karriere mehr, als seine Kontakte, die einem bis zu diesem Punkt unterstützt haben, zu verprellen, indem man sie in Situationen bringt, in denen sie für einen (ungewollt) lügen müssen.

Challenge Nummer 11: Der Fehler

Wir alle machen Fehler. Was war dein bisher schlimmster Fehler? Was hast du daraus gelernt? Wie hat er sich auf deine Karriere ausgewirkt? Konntest du überhaupt dazu stehen oder weiß bis heute niemand davon? Versuche, dir deine Fehler einzugestehen und sie zu bewerten. Wie passen sie in deine Lebensgeschichte und welche Bedeutung haben sie für dich? Das Ziel dieser Übung ist es, dir ein Bewusstsein dafür zu verschaffen, wie du selbst mit Fehlern umgehst, und die Fähigkeit zu schärfen, Episoden und Verhaltensweisen in deine Lebensgeschichte zu integrieren. Ist es vielleicht möglich, ein neues Licht auf die Ereignisse zu werfen, sodass das, was vielleicht nicht so optimal verlief, positiv zu deuten? Die Königsdisziplin: Wenn es dir gelingt, eine tolle Geschichte aus deinem Fehler zu machen, teile sie mit anderen!

14

Netzwerken braucht Vertrauen. Wie man mit enttäuschtem Vertrauen und Neid umgeht

Warum es ohne Vertrauen nicht geht

Netzwerken braucht Vertrauen. Geben und Nehmen werden sich niemals exakt die Waage halten und schon gar nicht von Anfang an. Frust und Misstrauen sind also gewissermaßen direkt vorprogrammiert. Lohnt es sich denn überhaupt, andere zu unterstützten, wenn ich nicht sofort eine Gegenleistung dafür bekomme? Warum sollte ich mich Jahre lang mit Gedanken plagen, was anderen etwas bringen könnte? Ich bin davon überzeugt, dass es sich lohnt, in Netzwerke zu investieren. Die Frage, die sich viele stellen, ist aber: Wie viele Emotionen, wie viel Vertrauen und wie viel Energie kann und soll ich in meine Netzwerkaktivität stecken und vor allem: Was mache ich, wenn mein Vertrauen ständig oder massiv enttäuscht wird?

© Springer Fachmedien Wiesbaden GmbH, ein Teil von Springer Nature 2019
T. Onaran, *Die Netzwerkbibel,*
https://doi.org/10.1007/978-3-658-23735-6_14

Auf dem Spiel steht die eigene Motivation und zum Teil jahrelange Arbeit, die man bereits investiert hat.

Gehen wir darum kurz vom Schlimmsten aus. (Keine Sorge, das wird kein durch und durch düsteres Kapitel). Was ist, wenn doch irgendwann dieser eine Moment kommt. Das durfte oder besser gesagt, das musste ich selbst auch schmerzlich am eigenen Leib erfahren. Leider gehört es zum Leben dazu, dass es Menschen gibt, die das Vertrauen, das man ihnen schenkt, missbrauchen. Der Moment, in dem man dies realisiert, ist hart. Es ist wie ein Schlag ins Gesicht. Ich kann nur dazu raten, nicht überzureagieren. Und das sage ich, obwohl ich selbst eine, sagen wir mal, emotionale Person bin und dazu neige, spontan und manchmal auch impulsiv zu reagieren. Meine Erfahrung ist aber auch, dass es egal ist, was man zu dieser Person sagt. Sie wird sich und ihr Verhalten in Zukunft nicht ändern. Das tröstende an der Sache ist: Sie wird immer wieder an Grenzen stoßen. Vertrauen zu missbrauchen mag kurzfristig einen (wenngleich fragwürdigen) Erfolg bringen. Als langfristige Strategie, die sowohl in beruflicher als auch in privater Hinsicht Positives bewirkt, hilft es nicht.

Networking muss meiner Meinung nach ganz zentral eine nachhaltige Strategie verfolgen und das bedeutet, es muss auf Vertrauen basieren. Es ist leicht möglich, in einer Woche 100 neue Netzwerkkontakte hinzuzugewinnen. Es ist auch möglich, sich immense Vorteile zu verschaffen, indem man das Vertrauen der Netzwerkkontakte kurzfristig ausnutzt. Nachhaltig ist dieses Verhalten jedoch nicht unbedingt.

Das belegen – wie ich finde sogar sehr eindrücklich – wissenschaftliche Experimente aus dem Bereich der Spieltheorie. Wenn einer oder mehrere Beteiligte an einem Spiel mit gezinkten Karten spielen, kann das eine ganze Kaskade von unerwünschten Folgen nach sich ziehen und unweigerlich zum Kollaps führen. Aber von Anfang an. Zunächst kann ich nur jedem wärmstens empfehlen, sich selbst und sein Verhalten bezüglich der eigenen Strategien und Verhaltensweisen zu testen. Es dauert nur 30 min und hält tief greifende Erkenntnisse bereit. Die Spieldesignerin, Autorin und Spieltheoretikerin Nickey Case hat unter www.ncase.me/trust ein Spiel bereitgestellt, bei dem zahlreiche, immer komplexer werdende Szenarien durchgespielt werden können. Parallel erfährt man vieles über soziale Verhaltensweisen, Strategien und ihre Auswirkungen. Dabei geht es ganz zentral um Vertrauen. Das Spiel selbst ist einfach. Es gibt zwei Spieler, die jeweils eine Münze in einen Automaten stecken können. Stecken beide ihre Münze in den Schlitz, bekommt jeder zur Belohnung zwei Münzen. Schummelt aber einer und behält seine Münze, erhält er sogar drei Münzen und sein Gegenspieler nichts. Wenn nur eine Runde gespielt wird, gewinnt ganz klar der, der schummelt. Was aber, wenn mehrere Runden gespielt werden? Wird das Gegenüber immer brav seine Münze weiter in den Schlitz werfen, wenn man selbst immer schummelt? Was passiert mit der eigenen Strategie, wenn das Gegenüber seine Strategie ebenfalls wechselt? Welche Strategie zahlt sich langfristig aus? Und was ist, wenn es nicht nur zwei Spieler insgesamt sind, sondern viele Spieler mit vielen verschiedenen Typen von Strategien gegeneinander antreten? Zahlt es sich langfristig immer noch aus, das Vertrauen der anderen Mitspieler zu missbrauchen? Wie sieht es aus, wenn nicht nur 5 oder 10 Runden gespielt werden, sondern 50 oder 100 Runden (Abb. 14.1)?

Achtung, Spoiler Alert!! Ich nehme im Folgenden einige Ergebnisse des Spiels vorweg. Ich bin ein Spielverderber, ich weiß. Allein, weil das Spiel so gut gemacht ist und so viele Einsichten bereit hält (und weil es nicht das einzige Spiel ist, das sich dort spielen lässt), lohnt es sich, dort einmal vorbeizuschauen. Aber nun zum Spiel: Die für diesen Zusammenhang hier spannenden Erkenntnisse ergeben sich überall dort, wo es um komplexe Szenarien geht. Dabei lässt sich sehr deutlich erkennen, welche Strategien

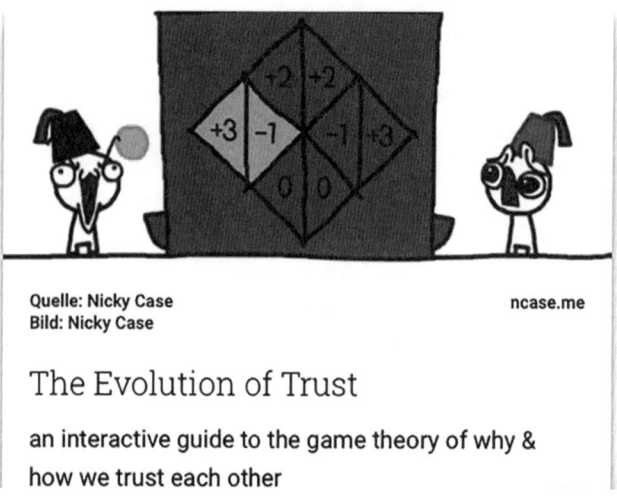

Quelle: Nicky Case   ncase.me
Bild: Nicky Case

The Evolution of Trust

an interactive guide to the game theory of why & how we trust each other

Abb. 14.1 Das Spiel: Vertrauen oder Vertrauen missbrauchen? (Quelle: Nicky Case, ncase.me)

langfristig zum Erfolg und welche zum Misserfolg führen. Menschen, die das Vertrauen von anderen Mitspielern missbrauchen, haben kurzfristig großen Erfolg. Wenn nur eine begrenzte Anzahl von Runden gespielt wird, sogar überwältigenden Erfolg. Langfristig vergiften sie aber zunächst das Spielklima und werden dann letzten Endes zum Opfer ihrer eigenen Strategie. Am erfolgreichsten sind aber auch nicht diejenigen, die ganz naiv immer bereit sind, zu geben beziehungsweise sich immer altruistisch verhalten. In vielen Fällen setzen sich am Ende die sogenannten „Copycats" durch. Sie kopieren das Verhalten ihres Gegenüber in der nächsten Runde. Wenn du in einer Runde schummelst, schummeln sie in der nächsten Runde auch. Bist du dann wieder ehrlich, verhalten sich die Copycats ebenfalls wieder ehrlich. Insgesamt gibt es acht verschiedene Typen von Spielern, die man in unterschiedlichen Konstellationen gegeneinander antreten lassen kann. In diesen komplexeren Szenarien setzt sich die „Always-Cheat"-Variante, die immer das Vertrauen ihrer Mitspieler missbraucht, in einem bestimmten Fall konstant durch und gewinnt das Spiel. Und zwar passiert das immer dann, wenn nur eine bis fünf Runden gespielt wird. Übertragen aufs Netzwerken bedeutet das: Wenn wir nur wenige Male mit Menschen zu tun haben, wird sich der Missbrauch des Vertrauens nicht direkt negativ auswirken. Aber wie der Volksmund weiß: Man sieht sich immer öfter als einmal im Leben. Sobald ein Netzwerk aus Kontakten besteht, die regelmäßig und über eine längere Zeit miteinander interagieren, verlieren diejenigen, die das Vertrauen einzelner missbrauchen. Zudem – und hier endet die Analogie zum Spiel – erinnern sich Menschen an vergangene Verhaltensweisen und erzählen anderen im Netzwerk davon. Allein aufgrund der Gefahr, die eigene Reputation aufs Spiel zu setzen, indem man eine Person im Netzwerk hintergeht, kann dieses Verhalten keine Erfolgsstrategie sein.

Damit kommen wir zu einem Problem von Netzwerken im Zeitalter von Social Media und den unendlichen Möglichkeiten. Zum einen scheint es heute eine schier unerschöpfliche Anzahl von potenziellen Netzwerkkontakten, um nicht zu sagen „Leads", zu geben. Die Verführung, an so viele wie möglich zu kommen, ist groß – der bzw. die Einzelne und unser Verhalten ihm/ihr gegenüber spielt dann keine große Rolle mehr. Das sind (scheinbar) die neuen Rahmenbedingungen unseres Spiels. Unsere Kontakte werden flüchtiger. Wir treffen – selbst interessante Persönlichkeiten – vielleicht einmal oder zweimal. Diese Treffen gilt es also zu nutzen, um jeden Preis. Das Ziel: möglichst viel für sich herauszuholen. Später fristen Kontakte wie diese nur ein trauriges Dasein in unseren Freundeslisten oder werden als Trophäe herausgeholt, um damit anzugeben, wen man alles kennt. Die Gefahr besteht, dass sich in einer Umgebung wie dieser Strategien, die auf Misstrauen und Vertrauensbruch basieren, gut begründen lassen und entsprechend häufen. Misstrauen steckt aber leider an, Misstrauen schafft eine toxische Umgebung und Misstrauen kann Netzwerke zerstören.

Langfristig werden Menschen, die das Vertrauen anderer missbrauchen, also nicht von ihrer Strategie profitieren. Und auch das gehört zur Wahrheit: Fehler können passieren. Die Wahrnehmung ein und desselben Ereignisses aus unterschiedlichen Perspektiven kann sich stark unterscheiden. Aus Missverständnissen werden Unterstellungen und die Fronten verhärten sich. Darum ist es so entscheidend, zu lernen, mit eigenen Fehlern und mit Fehlern von anderen umzugehen. Transparenz und eine offene Kommunikationskultur sind die Basis von Netzwerken, die auf Vertrauen basieren. Als Fazit dieses kleinen Ausflugs in die Spieltheorie und den Implikationen fürs Netzwerken steht die Einsicht, dass es drei Faktoren oder Rahmenbedingungen gibt, die zu einem harmonischen, produktiven Netzwerk führen:

1. Man braucht regelmäßige Interaktionen.
2. Es muss die Möglichkeit für Win-win-Situationen geben.
3. Missverständnisse müssen durch eine offene, transparente Kommunikation so weit wie möglich ausgeschlossen werden.

Ein weiterer Gegenspieler zum Vertrauen: Neid

Es müssen aber nicht immer gleich der Bruch von Vertrauen oder auch nur Missverständnisse sein. Auch Neid ist einer der Gegenspieler von Vertrauen. Eine meiner frühen Kindheitserinnerungen handelt von Neid. Jedes Jahr durfte eines der Kinder in meinem Kindergarten die Hauptrolle in einem kleinen Theaterstück spielen. Als ich eines Tages zu meiner Mutter nach Hause kam und sie betrübt fragte, warum

ein anderes Kind und nicht ich die Hauptfigur spielen durfte, sagte sie mir etwas, an das ich mich bis heute
erinnere: „Neide andere nicht um das, was sie haben, sondern freue dich für sie. Nutze die Zeit, in der Du jemanden beneidest lieber dafür, an Dir selber zu arbeiten, damit
Du Fähigkeiten entwickelst, die Dich weiterbringen."
Übrigens: Heute bin ich sehr froh, dass die Schauspielerei
an mir vorbeigezogen ist, denn selbst als Nebendarstellerin
habe ich an den unpassendsten Stellen gelacht und konnte
mich nicht beherrschen. Die Worte meiner Mutter wurden aber zu einem der Leitmotive meines Lebens und
machten es mir möglich, einen positiven Umgang mit
dem Thema Neid zu entwickeln. In meinem Umfeld
beobachte ich aber immer wieder, dass Neid etwas ist, das
die sozialen Beziehungen von Menschen stören kann und
vor allem im beruflichen Kontext sogar als Karrierekiller
wirkt.

Wenn Netzwerke der eigenen Karriere dienen sollen,
spricht nicht zuletzt auch ein strategisches Argument
dagegen, andere um das zu beneiden, was sie haben. Im
Zeitalter von New Work haben zwischenmenschliche
Beziehungen, die Zusammenarbeit in Teams und berufliches Networking einen enormen Stellenwert für unsere
Karrieren. In der neuen Arbeitswelt sind Einzelkämpfer,
die sich mit dem Einsatz von Ellenbogen nach oben
kämpfen, auf verlorenem Posten. Neid als negativer
Motivator befördert jedoch diese Einzelkämpfermentalität.
New Work bedeutet aber gerade das Gegenteil, nämlich
den Abbau der alten, strengen Hierarchien, wo es einen
Weg nach oben gibt, während die anderen unten bleiben.

Es ist auch das Ende der strengen Arbeitsteilung, bei denen einzelne Personen einzelne Dinge so gut können, dass sie darin besser als alle anderen sein können. Es ist die Zeit der Teamplayer, Generalisten und Networker. Sie sind heute gefragt und werden dort Erfolg haben, wo Neid die Zusammenarbeit von Menschen im Team verhindert. Neid ist darum geradezu ein Karrierekiller.

Nichtsdestotrotz ist der Blick nach links und rechts und damit der Vergleich mit anderen mit sich selbst heute unvermeidbar. Neid sollte aber aus den genannten Gründen nicht die Reaktion sein, die dieser Blick in uns hervorruft. Vielmehr sollten wir versuchen, dem eine positive Seite abzugewinnen, indem wir uns Vorbilder suchen, an denen wir uns orientieren und über deren Erfolge wir uns freuen. Selbstbestimmung und Sinnstiftung sind zwei wesentliche Ideale der neuen Arbeitswelt, die sich nur verwirklichen lassen, wenn wir an Beziehungen arbeiten, die auf Vertrauen basieren, wenn wir offen und transparent kommunizieren, wenn wir die Erfolge anderer Menschen nicht mit Neid, sondern mit Freude betrachten, die uns selbst anspornt.

Challenge Nummer 12: Vorbilder
Jetzt geht es ans Eingemachte. Beantworte dir ganz ehrlich die Fragen, wen du um seine oder ihre Erfolge beneidest. Welche dieser Personen könnte nun dein Vorbild werden? Was macht diese Person besser als du? Versuche dich für diese Person zu freuen, gerade weil sie diese Eigenschaft hat und unterstütze sie vielleicht sogar dabei. Du wirst sehen, wenn dir das gelingt, wird es dir einfach fallen, einen Haken unter die Sache zu

machen. Du hast sogar ein Vorbild gewonnen, dem du nach-eifern kannst. Jetzt musst du nur noch eins machen: Suche dir den Bereich, in dem du besser werden willst und überlege, welche Schritte du dazu machen musst. Du wirst sehen, das hat nichts mit der Person zu tun, die bereits das vielleicht schon kann, was du lernen möchtest. Vielleicht wirst du am Ende sogar feststellen, dass du einen ganz anderen Zugang zu diesem Thema findest.

15

Internationales Netzwerken und interkulturelles Netzwerken

Eine vernetzte Welt ohne Landesgrenzen und ohne Berührungsängste?

Wenn wir uns online miteinander vernetzen, ist vieles einfacher. Wir können uns ebenso einfach mit einer Gründerin aus dem Silicon Valley austauschen wie mit dem Programmierer aus Bulgarien oder dem Social-Media-Team der BVG aus Berlin. Dazu müssen wir weder etwas über andere Kulturen wissen noch viele Fremdsprachen sprechen. In der digitalen Welt gibt es scheinbar keine Landesgrenzen und entsprechend viel weniger Berührungsängste als im „echten" Leben. Mit absoluter Gewissheit können wir nicht einmal sagen, ob am anderen Ende der Leitung wirklich eine Frau, ein

© Springer Fachmedien Wiesbaden GmbH, ein Teil von Springer Nature 2019
T. Onaran, *Die Netzwerkbibel,*
https://doi.org/10.1007/978-3-658-23735-6_15

Mann oder ein Chatbot ist. Das kann sich jedoch ganz schnell ändern, wenn wir Menschen tatsächlich begegnen. Sei es bei Veranstaltungen oder Events oder wenn wir mit ihnen in einem Team zusammenarbeiten. Ein kleines Stück Stoff reicht schon aus und unsere Vorurteile, Klischees und Stereotype prägen ganz automatisch unsere Wahrnehmung und unser Verhalten. Das konnte ich an mir selbst feststellen, als ich vergangenes Jahr eine Reise durch die USA machte…

Im Jahr 2017 hatte ich das Privileg, als Abgesandte aus Deutschland Teil einer Delegation von Frauen zu sein, die sich auf die Einladung des State Departements hin gemeinsam auf eine Reise machten. Im Rahmen des „International Leadership Programs" sollten wir erfolgreiche Unternehmerinnen in den USA treffen, uns austauschen und vernetzen. Das Motto lautete: Women in Entrepreneurship. Diese Reise war für mich allen voran eine sehr intensive Erfahrung was Diversity und kulturelle Vielfalt betraf. Wir waren 47 Frauen aus 47 verschiedenen Ländern – und jede von uns brachte eine andere kulturelle Prägung, eine andere Sozialisierung und eine anderen Erfahrung mit dem Unternehmertum mit sich. Mit anderen Worten: Es hätte kaum spannender sein können.

Und so veränderte mich diese Reise. Zum einen musste ich feststellen, dass ich mich selbst noch nie so deutsch gefühlt habe wie bei dieser Reise. Ich bin normalerweise nicht die Pünktlichste. Dass dieser Satz sehr relativ ist, war mir aber mein ganzes Leben lang noch nicht bewusst. Obwohl ich auch in den USA meine üblichen 10 min zu spät dran war, war ich immer die Erste! Denn auch die anderen machten ihren Herkunftsländern und den damit verbundenen Klischees alle Ehre und waren entsprechend noch beim Shoppen oder verschliefen ständig (einmal sogar im Museum!). Zur Ehrenrettung von unseren Schlafenden muss gesagt werden, dass sich die Zeitumstellung nicht bei jedem gleich schlimm auswirkte und jede bzw. jeder anders darauf reagiert. Ich hatte auf jeden Fall schnell meinen Spitznamen bekommen: „German Girl". Das Ganze ging sogar so weit – und das sage ich durchaus mit einem gewissen Stolz –, dass ich einmal nicht mehr anders konnte, als Regeln für unsere gemeinsamen Gespräche einzuführen. Regeln! Ich! Zu meiner Verteidigung: Jedes Mal, wenn es darum ging, gemeinsam zu diskutieren, wo wir essen gehen wollten, sprachen alle durcheinander, sodass die Diskussionen schier endlos waren und wir auch nach einer Stunde nicht auf einen grünen Zweig kamen. Dabei hatten wir doch alle *Hunger!* Darum führte ich folgende Regeln ein: 1. Eine spricht nach der anderen. 2. Es darf nur sprechen, wer gerade das kleine Stöckchen in der Hand hält, das ich zu diesem Zweck auserkoren habe. Sogar jetzt noch, während ich das ausführe, komme ich mir wahnsinnig spießig und deutsch vor. Aber das Ergebnis sprach für sich: Auf einmal konnten alle ihre Bedürfnisse und Wünsche äußern – von „vegan" bis „Ich will auf jeden Fall draußen sitzen!" – und damit auch Gehör finden. Vieles war von diesem Zeitpunkt an leichter und ich fand mich in einer Rolle wieder, an die ich mich erst einmal gewöhnen musste. Ich war der Inbegriff der Ordnung. „Vielen Dank für die Struktur, German Girl!". Aber die Reise hielt noch viel mehr Lektionen für mich bereit als diese erste im Bereich Selbsterkenntnis…

Eine ganz besondere Begegnung

Ganz besonders in Erinnerung geblieben ist mir eine Begegnung, von der ich am wenigsten gedacht hätte, dass sie mich so nachhaltig beeindrucken würde. Heute sind Dina und ich Freundinnen. Doch ich gebe zu, der erste Impuls den ich hatte, als ich Dina zum ersten Mal getroffen habe, war: „Oh je, mit ihr darfst du auf gar keinen Fall über *ein bestimmtes* Thema sprechen!" Wie es der Zufall aber so wollte, saßen wir fast bei jeder Gelegenheit nebeneinander, sei es beim Essen im Frühstücksraum oder während langer Busfahrten. Zudem stimmte die Chemie zwischen uns von Anfang an. Es war also nur eine Frage der Zeit, bis „das" Thema aufkam. Aber der Reihe nach.

Dina Attila war bei unserer Delegationsreise die Vertreterin für Ägypten. Sie ist die Gründerin des Fun Castle Activity Center. Mit ihrer Organisation unterstützt sie kulturelle Aktivitäten wie Sport, Kunst und Musik für Eltern und Kinder in Alexandria. Dina trägt ein Kopftuch und lebt ihren Glauben, indem sie betet und keinen Alkohol trinkt. Sie ist wie ich eigentlich in einem liberalen Elternhaus aufgewachsen und hat erst mit knapp 30 Jahren, sehr zur Verwunderung ihrer Eltern, zum Glauben gefunden. Seither hat sie beschlossen, ein Kopftuch zu tragen und ihren Glauben so zu leben, wie sie es möchte und wie sie es für richtig hält.

Eines Abends saßen wir zusammen bei einem Dinner und wir unterhielten uns über Glauben. Dina erzählte, dass sie sich eigentlich ebenfalls fest vorgenommen hatte, während der Reise nicht über dieses Thema zu sprechen. Zu oft hat sie die Erfahrung gemacht, dass solche Gespräche nicht gut enden. Zu oft muss sie sich nicht nur für ihren Glauben rechtfertigen, sondern für alles was im Namen der Religion geschieht. Diese Erfahrung konnten wir tatsächlich auch während der Reise selbst machen. Wann immer wir in Flughäfen oder öffentlichen Gebäuden durch Einlasskontrollen mussten, war es immer Dina, deren Tasche genauestens kontrolliert wurde, während wir anderen einfach so durch durften (Abb. 15.1).

Umso erstaunter war ich über den Verlauf unseres Gesprächs über Religion. Dina ist eine unglaublich offene und eloquente Person, die sehr genau begründen kann, warum sie etwas macht und warum nicht. Zudem überlässt sie es jedem, die Dinge anders zu sehen und anders zu machen. Dann erzählte sie von den Erfahrungen, die sie macht, wenn sie auf Reisen ist oder wenn sie sich mit anderen über ihre Religion unterhält. Und dabei geht es hauptsächlich um ein Stück Stoff. Immer wieder muss sie sich dafür rechtfertigen, warum sie ein Kopftuch trägt, und immer wieder wird gefragt, ob sie das denn auch wirklich freiwillig macht. Überall auf der Welt sind es dieselben Stereotype und auch ich ertappte mich erschrocken dabei, dass ich exakt diese Stereotype im Kopf hatte, als ich Dina zum ersten Mal traf.

Ich kam mir in dem Moment ein wenig dumm vor, hatte aber doch eine wichtige Erkenntnis: Ja, wir werden immer wieder Menschen begegnen, die unterschiedliche Ansichten haben, wenn es um Religion oder auch

Abb. 15.1 Eine Begegnung auf der USA-Reise, die mich nachhaltig prägte!

zahlreiche andere Themen geht. Trotzdem müssen wir mit ihnen austauschen, uns verständigen und zusammenarbeiten. Aber unabhängig von unseren unterschiedlichen Ansichten, Überzeugungen und kulturellen Prägungen sollte uns dabei doch eines einen: die Akzeptanz, Offenheit und Neugier auf die jeweils andere. Es geht nicht darum was wer wie trägt. Es geht um Ansichten und um den Menschen mit seiner ganzen Geschichte.

Als ich wieder zurück in Deutschland war, ließ mich das Thema Internationalität und Interkulturalität und deren Auswirkungen und Bedeutung fürs Netzwerken nicht mehr los. Zum einen gründete ich in der Folge das Netzwerk *Global Digital Women,* das ich unter anderem aufgrund meiner Erfahrung auf der USA-Reise stärker international ausrichtete. Ich bin davon überzeugt, dass wir uns in Zukunft sehr viel intensiver und auch sehr viel selbstverständlicher international vernetzen werden und das auch müssen. Zum anderen habe ich mich aber auch theoretisch intensiver mit diesem wichtigen Teilaspekt des Netzwerkens auseinandergesetzt. Denn eine der größten Schwierigkeiten beim internationalen Netzwerken ist sicherlich der kulturelle Abstand zwischen den Nationen. Insofern sind Fähigkeiten und Wissen über interkulturelle Unterschiede ein zentraler Schlüssel, um erfolgreich international netzwerken zu können (Abb. 15.2 und 15.3).

Abb. 15.2   Kurz vor der Abreise: Maximal aufgeregt und gespannt

Abb. 15.3 47 Frauen aus 47 Ländern – gemeinsam unterwegs durch die USA

Offenheit, Vertrauen und gemeinsame Ziele

Sowohl im internationalen und interkulturellen als auch im intra-kulturellen Kontext brauchen wir im Grunde drei Zutaten, um erfolgreiche Netzwerke aufzubauen. Erstens Offenheit, weil man auch mal sagen kann und sollte, wenn etwas nicht klappt oder schiefläuft. Zweitens Vertrauen, weil Netzwerken immer auf Geben und Nehmen basiert, wobei das Geben an erster Stelle steht. Nur wenn ich das Vertrauen habe, dass ich nicht ausgenutzt werde, bin ich bereit, auch etwas zu geben, ohne sofort etwas dafür zu bekommen. Und nicht zuletzt drittens sind gemeinsame Ziele wichtig, weil sie die Grundlage dafür bieten, dass man gemeinsam an der Realisierung spannender Projekte arbeiten und sie dann auch feiern kann. Beim interkulturellen Netzwerken ist der letzte Punkt besonders wichtig. Das gemeinsame Ziel ist der „Common Ground", auf dem man sich trifft und der die Grundlage für die Zusammenarbeit oder den Austausch bildet.

Kulturelle Unterschiede versus kultureller Abstand

Gehen ein Deutscher, ein Saudi und ein Inder in eine Bar... Witze über kulturelle Unterschiede gibt es wie Sand am Meer. Der Grund ist simpel: Es gibt tausende kulturelle Unterschiede, über die man aus einer Außenperspektive lachen kann. Dabei müssen nicht einmal tausende Kilometer zwischen zwei Ländern liegen, damit die kulturellen Unterschiede zum Vorschein treten. Oft reicht es, wenn Menschen aus Deutschland, Österreich und der Schweiz an einem Tisch sitzen. Es kann auch schon genügen, dass Menschen aus Düsseldorf und Köln sich begegnen. Ich bin mir sicher: Wenn man nur lange genug sucht, wird man auch Dörfer finden, in denen die obere und die untere Dorfhälfte sich durch ganz wesentliche Eigenschaften angeblich unterscheiden.

Was mich an der Formulierung „kulturelle Unterschiede" beziehungsweise „kulturelle Differenzen" schon immer gestört hat, ist das Wort „Unterschied". Du stehst hier, ich stehe dort. Das unterscheidet uns. Ja, manchmal sind bestimmte Verhaltensweisen zwar anders oder die Bedeutung einer Geste wird anders verstanden – die Rede von den „Unterschieden" und „Differenzen" suggeriert aber, dass es sich hier um unüberwindbare Gräben handelt, die zwei Kulturen voneinander trennen. Umso erfrischender finde ich die Idee vom „kulturellen Abstand" von Francois Jullien, einem chinesisch stämmigen französischen Denker, der über interkulturelle Phänomene schreibt [1]. Während wir kulturelle Differenzen nur feststellen können, lassen sich kulturelle Abstände verringern und vielleicht sogar überwinden, wenn wir aufeinander zugehen. Letzteres muss aber gar nicht sein, wenn es „nur" darum geht, sich auszutauschen oder für die Dauer eines Projekts zusammenzuarbeiten. Denn Diversität heißt, in den Diskurs zu gehen und unterschiedliche Ansichten zu teilen – und dann auch auszuhalten.

Grundlagen für interkulturelles Netzwerken

Unterschiede auszuhalten gelingt einfacher, wenn wir zum einen ihre positiven Aspekte zu schätzen lernen – eine andere Sozialisierung, ein anderer kultureller Erfahrungsschatz oder andere Sprachen sind Chancen, eine neue Perspektive auf bestimmte Herausforderungen zu gewinnen. Lösungen und neue Ansätze ergeben sich so manchmal ganz von selbst. Dazu muss es uns gelingen, uns über bestimmte kulturelle Abstände hinweg zu verständigen. Die Grundlage schlechthin für interkulturelles Netzwerken ist darum interkulturelle Kommunikation [2]. Damit sind nicht in erster

Linie Fremdsprachenkenntnisse gemeint, sondern eigentlich noch sehr viel mehr. Dazu nur ein Beispiel: Wenn wir in Deutschland jemanden bei einem Event begegnen ist es ganz normal, sich vorzustellen und dabei die Hand zu reichen. Würde diese Szene in Japan stattfinden, wäre an dem Punkt das Gespräch schon wieder vorbei, weil dort Berührungen – und sei es nur ein Handschlag – als unhöflich empfunden werden. Ob jemand in dieser Situation fließend Japanisch sprechen kann oder nicht spielt schon gar keine Rolle mehr.

Kommunikation ist also sehr viel mehr als Sprache. Bei Events mit Dresscode wird über die Kleidung meist Zugehörigkeit ausgedrückt. Bei Events *ohne* Dresscode aber wird es erst richtig spannend, was wir mit unserer Kleidung kommunizieren können. Damit fängt es aber erst an. Neben unserem Kleidungsstil kommunizieren wir mit Gesten, Mimik und Blicken, mit Berührungen, mit unserer Körperhaltung und nicht zuletzt mit unserer Art zu sprechen und mit der Stimme. All diese Elemente, die zur Kommunikation eingesetzt werden können, lassen sich steuern und verändern sich auch mit der Zeit. Manchmal gibt es explizite und manchmal auch unausgesprochene Regeln, an die man sich halten sollte, weil man sonst auf einer kommunikativen Ebene das Gespräch abbricht, unterbricht oder stört. Das kollegiale, kumpelhafte Klopfen auf die Schulter wird beispielsweise sowohl in der Politik als auch im Business-Kontext immer seltener und hat sich in seiner Bedeutung verändert. Wer interkulturelle und internationale Netzwerke aufbauen will, muss sich zwangsläufig mit anderen Kulturen, anderen Sitten und der Bedeutung von Gesten, Symbolen und Codes beschäftigen. Sie können ein Türöffner sein und vor diversen Fettnäpfchen bewahren.

Offenheit und gegenseitiger Respekt

Andere Kulturen mit ihren Eigenheiten und Menschen mit unterschiedlichen Ansichten anzuerkennen, heißt nicht automatisch, sich selbst zu verleugnen oder seine eigene Kultur aufzugeben. Es ist wahrscheinlicher, dass ein Projekt in China Erfolg haben wird, wenn sich ein Team vorab Gedanken über die chinesische Kultur und chinesische Sitten macht. Oft sind es Kleinigkeiten. Bestellt jeder für sich allein Mittagessen oder bestellt man gemeinsam und teilt sich das Essen? Wie verbindlich sind mündliche Absprachen? Welche Verhaltensweisen gelten als unhöflich? Welches Verständnis von Hierarchie bringt das Gegenüber mit und wie werde ich wahrgenommen? Es gibt viele kleine Details, an denen es beim Austausch oder der Zusammenarbeit scheitern kann. Manchmal genügen auch schon eine Geste, um die eigene Offenheit und den gegenseitigen Respekt zu zeigen: Eine Community, in der es Menschen aus unterschiedlichen Kulturen gibt, kann auf ihrer Homepage Grußformeln in unterschiedlichen Sprachen haben, auch wenn man sich später auf eine gemeinsame Verkehrssprache einigt.

Bildung und Wissen schaffen den Zugang zu anderen Kulturen

Je nachdem, wie groß der kulturelle Abstand zwischen zwei Kulturen ist, kann es sich lohnen, tiefer in die Recherche einzusteigen. Je mehr wir über eine andere Kultur wissen, desto besser können wir das Verhalten und die Denkweisen von Vertretern dieser Kultur verstehen. Das ist insofern wichtig, weil unsere Sprache und unser Verhalten nicht immer eindeutig sind. Ohne es böse zu meinen können Missverständnisse entstehen. In der Summe können diese dazu führen, dass ein Kontakt nicht hergestellt wird, ein Projekt schief läuft oder dass ein Geschäft nicht zustande kommt. Die Geste „Daumen hoch" ist bei uns positiv belegt und heißt „tipptopp" oder „geht klar!". In Russland oder Griechenland bedeutet das eher das, was bei uns der hochgestreckte Mittelfinger bedeutet. Kleiner Unterschied, große Wirkung! Ebenso hilft das Bewusstsein, welche Sozialisierung das Gegenüber mit sich bringt. Was ich vielleicht chauvinistisch finde, ist in einer Gesellschaft, die noch stark von patriarchalen Strukturen geprägt ist, ganz normal und nicht abwertend gemeint. Das heißt nicht, dass man einfach alles unkommentiert hinnehmen muss. Wenn ich aber aufgrund meines Wissens darauf vorbereitet bin, dass eine bestimmte Verhaltensweise oder Äußerung ohne böse Absicht getätigt wird, kann ich sehr viel entspannter darauf reagieren und in die Auseinandersetzung gehen. Letzteres lohnt sich insbesondere dann, wenn ich weiß, dass ich in den kommenden zwei Jahren intensiv mit jemandem zusammenarbeiten werde oder er Teil eines Netzwerks ist.

Challenge Nummer 13: Du, von außen betrachtet

Wenn es um interkulturelles Netzwerken geht, bist du selbst der beste Ansatzpunkt. Eine der hilfreichsten Übungen, um einen Einstieg in das Thema zu bekommen, ist der Versuch, dich selbst aus der Perspektive von jemandem zu betrachten, der in einer anderen Kultur sozialisiert wurde. Was dir selbstverständlich erscheint, ist für sie oder ihn fremd. Führe dir vor Augen, dass du nicht die Norm bist, von der sich andere unterscheiden, sondern dass es im internationalen Kontext keine Norm gibt. Selbst Menschen, die auf den ersten Blick vielleicht sehr ähnlich erscheinen mögen, können ganz unterschiedlich ticken. Menschen, die an einem anderen Ort aufgewachsen sind, haben einen anderen Blick auf sich selbst und auf die Welt, verhalten sich und kleiden sich in bestimmten Kontexten anders. Um sich auf Menschen aus anderen Kulturen einlassen zu können, braucht es Offenheit, Empathie und auch einen gewissen Abstand zu sich selbst.

Literatur

1. Jullien F (2017) Es gibt keine kulturelle Identität. Suhrkamp, Berlin
2. Broszinsky-Schwabe E (2016) Interkulturelle Kommunikation. Springer VS, Wiesbaden

16

Netzwerken ist die neue Rente

Vernetzung als Weiterentwicklungsforum

Lang lang ist es her, als die berufliche Laufbahn noch zum größten Teil von der Ausbildung bestimmt wurde. Wer eine Ausbildung in einem Unternehmen machte, konnte sich sicher sein, dass er den einmal erlernten Beruf bis zur Rente ausüben wird. Im Idealfall sogar im selben Betrieb. Diese Zeiten sind ebenso längst vorbei wie die Tatsache, dass einmal erlerntes Wissen über einen Zeitraum von mehreren Jahrzehnten bestehen bleibt. Das Kind hat auch einen Namen: New Work. Natürlich ist New Work sehr viel mehr als das und es kursieren viele verschiedene Konzepte und Denkrichtungen. Nichtsdestotrotz versuchen sie alle, Lösungskonzepte

© Springer Fachmedien Wiesbaden GmbH, ein Teil von Springer Nature 2019
T. Onaran, *Die Netzwerkbibel,*
https://doi.org/10.1007/978-3-658-23735-6_16

für eine sich vollständig wandelnde Arbeitswelt zu finden. In vielen Berufsfeldern lässt sich beobachten, dass die Halbwertszeit von Fachwissen nur noch wenige Jahre dauert. Lebenslanges Lernen wird zur neuen Norm und die alten Kaminkarrieren sterben aus. Die Neuordnung der Arbeitswelt betrifft insbesondere Branchen, die stark auf Technologie basieren – und das heißt gleichzeitig: in immer mehr Branchen.

Wer sich beruflich weiterentwickeln möchte, hat heute prinzipiell zwei Möglichkeiten: Entweder durch immer weitere fachliche Spezialisierung – was allerdings in einer Sackgasse enden kann – oder durch Networking. Aus heutiger Perspektive ist es schwer zu sagen, welche Bereiche tatsächlich langfristig relevant sind und auch bleiben werden. Hier ließe sich eine lange Liste von Berufen, Firmen und Technologien aufzählen, die noch vor wenigen Jahren einmal als absolut zukunftsträchtig galten oder sich sogar im globalen Maßstab durchgesetzt hatten, dann aber innerhalb der kürzesten Zeit verschwanden. Firmen wie Grundig oder Kodak oder Datenträger wie Disketten oder DVDs spielen im Zeitalter von MP3, Instagram und Netflix einfach keine Rolle mehr. Die Mitarbeiter von Kodak haben in einem nahezu alle Länder umspannenden Netz von Laboren gearbeitet. Mit dem Siegeszug von Smartphone-Kameras und Instagram waren ihr Wissen und ihre Fähigkeiten nichts mehr wert. Mit diesen Erfahrungen im Gepäck ist es aus heutiger Perspektive gar nicht mehr so eindeutig zu sagen, dass sich Unternehmen oder Geschäftsmodelle wie die von Netflix dauerhaft etablieren werden. Vielleicht werden sie in 20 Jahren ähnlich wie Myspace – wem das schon nichts mehr sagt: einfach mal googeln – ebenfalls längst vergessen sein. Das gilt auch für aus heutiger Sicht „systemrelevante" Berufsfelder wie Programmieren. Wie es im Moment aussieht, werden aller Wahrscheinlichkeit nach Programmierer im Zeitalter von Künstlicher Intelligenz keine entscheidende Rolle mehr spielen, weil Maschinen völlig selbstständig Algorithmen und Codes hervorbringen.

Steht uns also allen eine ungewisse und düstere Zukunft bevor? Nein. Ganz und gar nicht. Allerdings kommt es heute darauf an, die richtigen Akzente zu setzen. Eine Zeit, in der es nicht sicher ist, welche Berufe und Anforderungen langfristig wichtig sein werden, ist die Zeit der Generalisten und die Zeit der Netzwerker. In einer Zeit, in der es nicht klar ist, welche Unternehmen sich langfristig halten werden, ist es wichtiger denn je, seine Networking-Fähigkeiten aufzubauen und sein Netzwerk jenseits der eigenen Mitarbeiter bzw. Kollegen zu pflegen. Die Gleichung „Job weg = Netzwerk weg" trifft in viel zu vielen Fällen zu. Anders formuliert heißt das: Wer in sein Netzwerk investiert, investiert in seine eigene Zukunft. Dazu aber gleich noch mehr. Denn auch innerhalb von Unternehmen muss der Grad an Vernetzung steigen und Netzwerke als Instrument begriffen werden, das der beruflichen und fachlichen Weiterentwicklung dient. Mentoring-Programme erfüllen, wenn sie richtig aufgezogen werden, diesen Zweck. Damit Mentoring-Programme das leisten können, müssen zunächst die Erwartungen klar sein. Eines der größten Missverständnisse bei der Institution des Mentoring ist es, dass Mentorinnen und Mentoren Menschen sind, die einen voranbringen, indem sie eine neue Stelle organisieren. Mentoring ist aber keine Dienstleistung oder die begriffliche Verschleierung alter Seilschaften. Mentoren haben vielmehr eine beratende, motivierende und begleitende Funktion. Sie können dabei helfen, die eigenen Fähigkeiten besser einschätzen zu können, sie können neue Richtungen und Wege aufzeigen, auf die man selbst nicht kommen würde, und sie können motivieren, weil sie mit ihrem Blick von außen einen klareren Blick auf einen haben als man selbst. Damit Mentoring-Programme nicht in Frustration enden, ist es wichtig, den Erwartungshorizont von Anfang an zu klären.

Dabei haben vor allem Unternehmen oder Organisationen ein begründetes Eigeninteresse – oder sollten es zumindest haben –, dass solche Programme funktionieren. Denn längst ist es nicht mehr so, dass es sich hier um Einbahnstraßen handelt. Das entscheidende Stichwort lautet: Reverse Mentoring. Digital Natives bringen heute ein Wissen mit in die Unternehmen, das für diese von unschätzbarem Wert ist. Dazu muss es gelingen, einen Wissenstransfer nicht mehr nur von Alt zu Jung stattfinden zu lassen, sondern auch in die andere Richtung (also: „reverse"). Ein zentraler Erfolgsfaktor für Mentoring-Programme ist darum, das Denken in althergebrachten Hierarchien aufzubrechen. Das gelingt vor allem dann gut, wenn Diversity in der Unternehmenskultur fest verankert ist. Je besser es gelingt, Menschen unterschiedlichen Alters, unterschiedlichen Geschlechts oder mit unterschiedlichen Positionen im Unternehmen zusammenzubringen, desto mehr wird der Transfer von Wissen in alle Richtungen gefördert.

Die Generation Empowerment

Für die Generationen Y und Z ist es bereits eine Selbstverständlichkeit, ihre Karriere losgelöst von den altehrwürdigen Denkmustern zu denken und zu planen. An das Versprechen, dass es sicher eine Rente geben wird, glaubt in dieser Generation kaum noch jemand, geschweige denn, dass sich überhaupt jemand über so lange Zeiträume Gedanken macht. Auch wenn es paradox klingt – aber kaum eine junge Generation hatte so existenzielle Aufgaben vor sich und schaute gleichzeitig so optimistisch und zuversichtlich in die Zukunft. Trotz der enormen Herausforderungen wie der digitalen Transformation, die die gesamte Arbeitswelt umkrempelt, der Bewältigung der Klimakrise oder der weltweiten Überschuldung von Staatshaushalten – um nur wenige zu nennen – ist die Generation Empowerment nicht sonderlich von Zukunftssorgen geplagt. Woher kommt diese Zuversicht? Dass es sich um eine Generation von Erben handelt, die sich allesamt keine Gedanken um ihren Wohlstand machen müssen, kann es allein nicht erklären. Ich selbst komme aus keinem besonders betuchten Elternhaus und leide dennoch nicht unter Zukunftsangst. Eine Ursache für die Sicherheit, die in dieser Generation herrscht, ist ihr Zugang zum Netzwerken und das Bewusstsein, dass Wissen relativ ist. Zum einen relativ einfach zu googeln und zum anderen relativ, was seine Halbwertszeit betrifft. Wir wissen, dass wir uns gegenseitig unterstützen und bestärken können und darum alles erreichen können. Darum nenne ich die neue Generation auch gerne die Generation Empowerment. Für sie sind Themen wie Diversity, digitale Netzwerke und internationale Vernetzung Standard.

Das führt oft zu Vermittlungskonflikten zwischen den Generationen. Als ich beispielsweise meinen Eltern erzählt habe, dass ich mich selbstständig mache, waren sie bestürzt. Sie sahen mich bereits beim Arbeitsamt sitzen und mich von Job zu Job, von Praktikum zu Praktikum und von Projekt zu Projekt hangeln. Rente? Gestrichen! Für meine Eltern war es darum unvorstellbar, wie ich auch nur im Traum auf die Idee kommen konnte, meine feste Anstellung aufzugeben!

Gerade solche Entscheidungen machen aber die Generation Empowerment aus. Diversität bedeutet in diesem auch, unterschiedliche Lebenswege, Lebensläufe und eben auch Karrieren zuzulassen und auszuprobieren. Es gibt nicht mehr diesen einen Weg, um Karriere zu machen, oder sich seinen Berufswunsch zu erfüllen. Auch die Politikerkarrieren nach dem Prinzip „Kreissaal, Hörsaal, Plenarsaal" sind out – vielmehr wollen auch immer mehr Führungskräfte Teams, die aus unterschiedlichen Typen und Expertisen bestehen. Und genau so handelt auch die Generation Empowerment in Unternehmen: Sie arbeiten abteilungsübergreifend, projektbezogen und schaffen Foren des Austauschs. Diversität und Vernetzung wird zum Credo der Generation Empowerment. Für Unternehmen bedeutet dies mehr denn je, dass sie intern und extern auf Vernetzung setzen müssen, um die Generation Empowerment zu erreichen. Sie müssen auf digitale Kommunikation setzen, um die neue Generation zu erreichen, sie müssen auf interaktive Formate setzen, um die neue Generation einzubinden, und sie brauchen nahbare Vorbilder, um die neue Generation zu motivieren und zu leiten. Um die Bedürfnisse derjenigen Generation, die den Grundstein für Veränderung und damit Innovationskraft in den Unternehmen setzt, zu erfahren, müssen sie dahin, wo diese Erfahrungen geteilt werden: in die globale Vernetzung. Es wird in Zukunft nicht mehr ausreichen, lokal zu denken. Das Motto wird und muss sein: global zu denken, um lokal zu handeln. Die Generation Empowerment ist keine Trendwelle, sie ist eine Bewegung. Networking bedeutet für sie Erfolg, Zukunft und Sicherheit.

Warum man erst in einer Notsituation weiß, ob das eigene Netzwerk funktioniert

Dass ich heute beruflich da bin, wo ich bin, habe ich auch zu einem großen Teil meinem Netzwerk zu verdanken. Ich hatte das Glück, während meiner Zeit in der Politik Mentorinnen gehabt zu haben, die mir ein entsprechendes Verständnis von nachhaltigem Netzwerken vermittelt haben, und sich dies mit meiner Erfahrung und meinen Einsichten gedeckt hat. Netzwerken hatte für mich darum immer zugleich etwas Altruistisches als auch gleichzeitig etwas Strategisches, was auf Gegenseitigkeit und Langfristigkeit abzielt. Nur wenn Netzwerken frühzeitig und nachhaltig betrieben wird, kann es in Notsituationen funktionieren.

Besonders viele Führungskräfte fokussieren sich beim Thema Networking zu sehr auf firmeninterne Netzwerke und sind der Ansicht, sie hätten ihre Kontakte ausschließlich aufgrund ihrer Position im Unternehmen. Das eigene Netzwerk sollte aber nicht von der eigenen Position oder vom aktuellen Unternehmen abhängen. Vielmehr sind besonders stabile und verlässliche Netzwerke gerade diejenigen, die breit gefächert und weitreichend sind. Jeder sollte vertraute Mentoren haben, die nicht unbedingt identisch mit den Arbeitskollegen sind. Mit ihnen sollte man unbeschwert über berufliche Probleme sprechen können, ohne dass es bei der nächsten Unstimmigkeit zum Firmengespräch wird.

Welches Netzwerk bringst du mit?

Aber nicht nur bei der Suche nach einem neuen Job oder neuen Möglichkeiten zur beruflichen Weiterentwicklung erfüllen Netzwerke eine Funktion. In Zukunft sind Netzwerke ein Asset. Wer sich auf eine neue Position oder ein neues Projekt bewirbt, wird immer öfter die Frage gestellt bekommen: „Welches Netzwerk bringst du mit?" Netzwerken ist nicht nur darum die neue Rente, weil es über den aktuellen Job hinaus Sicherheit und neue Arbeitsmöglichkeiten eröffnet, sondern auch deswegen, weil es einen Wert an sich bildet. Um Projekte heute erfolgreich zu gestalten, sind niemals nur Data Scientists nötig oder nur Eventmanager oder nur Mechatroniker. Erfolgreiche Teams sind multiprofessionelle Teams. Jedes Teammitglied, das auf ein Netzwerk zurückgreifen kann, das nicht ausschließlich aus Kontakten aus dem eigenen Bereich besteht, werden darum in Zukunft stärker gefragt sein und die interessanteren Aufgaben übernehmen können. Investitionen in das eigene Netzwerk werden sich im Laufe eines Arbeitslebens also auszahlen.

Challenge Nummer 14: Investiere in deine Zukunft

Wie zukunftssicher ist dein Beruf? Wie schnell altert das Wissen, dass du dir während deiner Ausbildung oder während deines Studiums angeeignet hast? Das Institut für Arbeitsmarkt- und Berufsforschung hat den Job-Futuromat entwickelt, der dir sagen kann, wie wahrscheinlich es ist, dass in Zukunft Maschinen deinen Job übernehmen können. Unter https://job-futuromat.iab.de kannst du deinen Jobtitel eingeben und herausbekommen, wie viele Jahre du noch sicher bist. Längst nicht alle Berufe sind davon betroffen – der Punkt ist, dass die gesamte Arbeitswelt sich verändert. Bestehen deine Netzwerkkontakte zum großen Teil aus Kollegen bzw. Mitarbeitern deines Unternehmens? Dann ist es Zeit, dein Netzwerk zu erweitern. Die Antwort auf die Frage „Was wirst du beruflich in 10, 15 oder 20 Jahren machen?" hängt stark davon ab, welche Netzwerkkontakte du heute und dann haben wirst. Wer sind deine Vorbilder, was sind deine Ziele? Wenn du schon heute etwas für deine Rente tun willst, investiere Zeit in dein Netzwerk.

17

Epilog: Die 10 Gebote des Netzwerkens

Erstaunlich, dass die zehn Gebote nicht populärer wurden. Dabei sind sie doch nach wie vor Freeware.
(Karl-Heinz Karius)

Beim Netzwerken ist es wie bei einer Diät. Das heißt, es gilt der Grundsatz: Weniger ist mehr, aber zu wenig bringt auch wieder neue Problemzonen. Die Frage ist daher: Wann ist weniger mehr beim Netzwerken? Was ist die richtige Mischung? Welche Fehler können vermieden werden? Um die Fragen aller Fragen abschließend noch einmal zu beantworten, findest du hier in kompakter Form die 10 wichtigsten Gebote, die beachten solltest, wenn du beim Netzwerken Erfolg haben willst. Denn was wäre eine Netzwerkbibel ohne die 10 Gebote!?

© Springer Fachmedien Wiesbaden GmbH, ein Teil von Springer Nature 2019
T. Onaran, *Die Netzwerkbibel*,
https://doi.org/10.1007/978-3-658-23735-6_17

Das erste Gebot: Dabei sein ist alles

Am Anfang wird es direkt olympisch. Denn nur wer mitmacht, kann gewinnen. Um Networking betreiben zu können, musst du erst einmal mitmachen. Das heißt: Beschaffe dir Visitenkarten, mach bei beruflichen Netzwerken mit, erstelle dir Accounts bei LinkedIn, Twitter, Instagram oder Xing und gehe zu Networking-Events und Veranstaltungen. Insbesondere die digitalen Netzwerke bieten heute zahlreiche Möglichkeiten, sich ganz gezielt mit den Personen zu vernetzen, die dich ganz gezielt interessieren.

Das zweite Gebot: Werde sichtbar

Der zweite wichtige Schritt beim Networking lautet: Werde sichtbar. Nur wenn du dich an das zweite Gebot hältst, erfüllt das erste Gebot seinen Sinn und Zweck. Dazu ist es zwingend notwendig, dass du dir deine Themen findest, mit denen du Expertin beziehungsweise Experte wahrgenommen werden willst (und in denen du auch Expertise hast oder dir dann gezielt aufbaust). Mach dir die Mühe und schreib vielleicht einen kurzen Artikel zu einem deiner Themen, like Posts von anderen und versuch über diese Themen mit anderen ins Gespräch zu kommen. Aber immer dran denken: Netiquette und Chatiquette sind das A und O bei allen Arten der digitalen Kommunikation.

Das dritte Gebot: Klasse geht über Masse

1000 mal geklickt, 1000 mal ist nichts passiert. 1000 neue Kontakte bedeutet nicht 1000 mal so gutes und nachhaltiges Netzwerken. Weder solltest du Nachrichten in der Form „Ihr Profil spricht mich an – ich würde mich gerne mit Ihnen vernetzen" verschicken, noch solltest du Einladungen dieser Form annehmen. Wenn dich eine Person gezielt interessiert, schreib sie persönlich an – keine Romane! – und triff dich mit ihr. Zum Netzwerken gehört mehr als der Platz in der Freundesliste. Die Chemie muss stimmen, du musst bereit sein, die Person zu unterstützen und du solltest wissen, was du dir von dem Kontakt erwartest. Alles andere ist Kopf-Kino oder in der Masse nicht auf dem Niveau zu machen.

Das vierte Gebot: Inhalt vor Position

Nicht die Position, sondern der Inhalt entscheidet. Dazu nur eine kurze Geschichte: Als ein Bekannter für die Realisierung eines Unternehmensprojektes die Unterstützung der Politik brauchte, schrieb hierzu direkt dem zuständigen Bundesminister und erhielt prompt eine Absage für einen Gesprächswunsch. „Wieso muss es der Bundesminister sein?" fragte ich. „Weil er wichtig ist und entscheidet", antwortete mein Bekannter. Nach näherem Nachfragen stellte sicher heraus, dass für sein Vorhaben die Referatsebene, die Ebene die auch an der Umsetzung des Projekts beteiligt werden sollte, viel hilfreicher wäre. Der Termin fand statt und das Projekt wurde angestoßen. Menschen mit wichtigen Positionen sind oftmals mehr gefragt als die, die ihren Job vielleicht schon seit einigen Jahrzehnten machen. Dabei ist es oft viel hilfreicher diese Experten zu kontaktieren und sich Rat zu holen als diejenigen, die repräsentieren. Die Position kann Türen öffnen, den Raum füllt jedoch der Inhalt.

Das fünfte Gebot: Vermeide das „Auf-jeden-Fall-Prinzip"

Wer kennt das nicht? Da lernt man sich auf einer Veranstaltung kennen und vereinbart sich „auf jeden Fall" ganz bald zu treffen. Es vergehen Wochen. Monate. Nichts passiert. Weil alles andere (scheinbar) wichtiger ist. Gleiches gilt für mögliche gemeinsame Projekte. Da schlägt das „Auf-jeden-Fall-Prinzip" mindestens ebenso oft zu. Die Idee ein gemeinsames Projekt zu realisieren, wird sich gegenseitig fest versprochen und dann scheitert das Ganze doch. Am Zeitfaktor, an anderen wichtigeren Projekten oder einfach am Wetter. Bevor also vorschnell Versprechungen ausgesprochen werden, gilt es zunächst zu überlegen: kann ich das, was ich in Aussicht stelle, tatsächlich auch realisieren? Unerfüllte Erwartungen können so attraktiv sein, wie ein Saunagang mit dem Vorgesetzten.

Das sechste Gebot: Man nehme: eine gesunde Portion Selbstüberschätzung

Kann ich! Das schaffe ich! Dieser Satz hat mich schon oft an den Rand der Verzweiflung gebracht, aber mindestens ebenso oft gerettet. Eine gesunde Portion Selbstüberschätzung ist eine wichtige Voraussetzung, die man vom Gernegroß unter den Netzwerktypen lernen kann. Denn der Gernegroß ist mit einem Selbstbewusstsein der Extraklasse gesegnet. Es gibt eigentlich niemanden, den er nicht kennt und nichts, was er nicht kann. In seinem Bekanntenkreis finden sich nicht nur Politiker und Prominente, sondern auch der Papst. Über 1000 Xing Kontakte kann er nur müde lächeln. Aber Vorsicht: Heiße Luft ist sein Spezialgebiet. Wenn man dann genau hinschaut und erst zuhört, stellt sich schnell heraus: die Telefonliste ist voll, aber keiner nimmt ab. Darum liegt beim sechsten Gebot die Betonung auf *gesund*.

Das siebte Gebot: Ehrlichkeit und Echtheit siegen

Nur scheinbar ein Widerspruch zum sechsten Gebot – und wer sich bei Religionen ein wenig auskennt, weiß: Die Wege des Herrn sind unergründlich. Hier geht es aber vor allem um Langfristigkeit. Wenn du langfristig vom Networking profitieren möchtest, geht nichts über

Ehrlichkeit und Echtheit. Versuche kein Schauspiel auf-
zuführen, versuche nicht die Person zu sein, die du gerne
sein möchtest, sondern sei ehrlich und sei wer du bist.
Das bedeutet natürlich nicht, dass du all deine Abgründe
öffentlich zeigen sollst. Aber sei echt in dem, was du
sagst. Echt zu sein, heißt aber auch ehrlich zu sein. Echtes
Interesse für das Gegenüber ist genauso hilfreich wie eine
gesunde Neugier. Ein gutes Netzwerk aufbauen heißt
nicht, Visitenkartenroulette auf Events zu spielen, sondern
Gespür für Menschen, deren Geschichten und Themen zu
haben. Ehrlichkeit heißt zuletzt auch ehrliches und echtes Vertrauen zu schenken und das Vertrauen von anderen
nicht zu missbrauchen.

Das achte Gebot: Networking ist Langlauf, kein Sprint

Wer heute eine spannende Persönlichkeit kennenlernt,
wird nicht morgen unmittelbar ein Projekt mit ihr
zusammen realisieren, bei dem sich dann in der Folge
wieder eine Schnittstelle ergibt, die zum nächsten Job
führt. Kurzfristiges Denken hilft nicht beim nachhaltigen
Netzwerken. Es gibt Kontakte, die begegnen einem nur
ein paar Mal im Jahr und dennoch gibt es dann den einen
Moment, bei dem beide Seiten ein „Halleluja" über die
Bekanntschaft singen könnten. Dieser Moment kann per
Zufall auch nach kurzer Zeit erfolgen oder eben nach längerer Zeit, dafür aber mit einem hohen Wirkungsgrad.
Wer läuft weiß: Ausdauer und Geduld bringen nach-
haltigere Erfolge als kurzfristige Sprintaktionen.

Das neunte Gebot: Gehe niemals alleine Essen, aber immer allein auf Networking-Veranstaltungen

Sehe es als Challenge und traue dich, alleine in ein Raum zu gehen, der voller Menschen ist, die du nicht kennst und versuche, mit ihnen ins Gespräch zu kommen. Ein Aufhänger der Veranstaltung kann dabei als Einstieg dienen. Wenn man zu zweit oder gar in einer Gruppe auf Events geht, spricht man viel untereinander und verpasst die Chance, andere Leute kennen zu lernen. Als Variante des neunten Gebots kannst du auch der Faustregel folgen: Never lunch alone! Suche dir gezielt Personen, die du gerne in deinem Netzwerk hättest, und verabrede dich mit ihnen zum Mittagessen.

Das zehnte Gebot: Geben ist wichtiger als Nehmen

Networking ist keine Einbahnstraße. Es ist nicht das Ziel, ein Netzwerk aufzubauen, damit du möglichst viele Menschen hast, die dir helfen können oder die dir sonst irgendwie nützlich sind. Netzwerke funktionieren dann besonders gut, wenn jeder bereit ist, mehr zu geben als zu nehmen. Es klingt wie ein eleganter Zaubertrick, denn wenn du und alle anderen sich an das zehnte Gebot halten, haben alle am Ende des Tages in der Summe mehr als sie gegeben haben.

Ihr Bonus als Käufer dieses Buches

Als Käufer dieses Buches können Sie kostenlos das eBook zum Buch nutzen.
Sie können es dauerhaft in Ihrem persönlichen, digitalen Bücherregal
auf **springer.com** speichern oder auf Ihren PC/Tablet/eReader downloaden.

Gehen Sie bitte wie folgt vor:

1. Gehen Sie zu **springer.com/shop** und suchen Sie das vorliegende Buch
   (am schnellsten über die Eingabe der eISBN).
2. Legen Sie es in den Warenkorb und klicken Sie dann auf:
   zum Einkaufswagen / zur Kasse.
3. Geben Sie den untenstehenden Coupon ein. In der Bestellübersicht wird
   damit das eBook mit 0 Euro ausgewiesen, ist also kostenlos für Sie.
4. Gehen Sie weiter **zur Kasse** und schließen den Vorgang ab.
5. Sie können das eBook nun downloaden und auf einem Gerät Ihrer Wahl lesen.
   Das eBook bleibt dauerhaft in Ihrem digitalen Bücherregal gespeichert.

EBOOK INSIDE

eISBN	978-3-658-23735-6
Ihr persönlicher Coupon	KCJM6bCQACw64PW

Sollte der Coupon fehlen oder nicht funktionieren, senden Sie uns bitte
eine E-Mail mit dem Betreff: **eBook inside** an **customerservice@springer.com**.